# 植物和名の語源探究

深津　正

# 植物和名の語源探究

深津　正著

八坂書房

# 目次

## II　植物和名解釈の批評と意見

## 図版出典一覧

A　地錦抄附録（伊藤伊兵衛　享保18　1733）
B　花彙（小野蘭山，島田充房　宝暦9-13　1759-63）
C　本草図譜（岩崎灌園　天保1-弘化1　1830-44）
D　増訂草木図説（飯沼慾斎　〈原本〉安政3-文久2　1856-62）
E　日本植物編（矢田部良吉　明治33　1900）
F　北海道森林植物図説（川上瀧弥　明治35　1902）
G　内外植物誌（斎田功太郎，佐藤禮介　大正6　1917）
H　北海道薬用植物図彙（工藤祐舜，須崎忠助　大正10　1921）
I　大日本樹木誌（中井猛之進，小泉源一　昭和2　1927）
J　寺崎日本植物図譜（寺崎留吉　昭和8-13　1933-38）
K　高山花譜（武田久吉，船崎光治郎　昭和22　1947）
L　中国高等植物図鑑（中国科学院植物研究所　1972-83）
M　The Standard Cyclopedia of Horticulture（L. H. Bailey 1933）

# I

# 植物和名の語源探究

# 1　イセハナビ

わが家の庭に、草友の一人から譲られたイセハナビ（キツネノマゴ科）が住みついてから久しい。おそらく四〇年近い日子を経ているはずである。引越しの際の仮住居を経て、今の住まいの庭で元気に育っている。

多年性の灌木状の常緑性草本で、高さは三〇～四〇センチほど、よく茎を分岐して、おのずから草むら状に育ち、格別に手入れするまでもない。葉は濃い緑色で、葉の裏が薄い紫色に染まるのが特徴である。ただし冬霜に当たると黒ずむことがある。夏から秋にかけて、枝の先に穂状花序を伸ばし、淡紅紫色の漏斗状の花を開くが、真冬を除いて、いつでもいくつかの花の姿を見ることができる。とくに人目を牽《ひ》くほどの華やかさはないが、庭の一隅に植え込むと、しっとりとした雰囲気をかもし、少々日当たりの悪い場所にも耐え、丈夫この上ない。とくに和風の庭にはぜひあらま欲しい植物である。

わが国の自生品ではなく、いつの頃、どの地へ、どんなふうに入り込んだのか、また奇妙なイセハナビの名前がなぜ付けられたのか、これらは一切不明である。中国原産ともいうが、『中国高等植物図鑑』に載っている「四子馬藍（Strobilanthus tetraspermus）に姿が似てい

イセハナビ（D）

るものの、葉の形は中国産の方が小さくて丸く、花序も日本産のものに比べて短いようである。

京都本草学派の代表的存在である山本亡羊の『百品考』第三篇をみると、「和名イセハナビ」の項に四時春の別名を挙げ、「台湾府志、四時春、叢生、花開、浅紅色、絡繹不レ絶、四時恒有、故名」と前置きして、これに続けて次のように書いてある。

> イセハナビハ何レノ産ナルコトヲシラズ。暖国ノ産ナルベシ。庭際ニ栽レバ夏月甚繁茂スレドモ冬ニ至レバ多ク霜ニ傷ツキ黒ク枯死ス。窖《こう》中ニ養ヘバ四時トモニ花アリ、故ニ四時春ト云。又高濂四時花紀、四季花、花小葉細、色白、午開子落、自二三月一開至二九月一其枝葉擣汁、可レ治二跌打損傷一、又名二接骨草一ト云モ同物ナルベシ。唐山ハ琉球ト違ヒ、土地多ク寒キ處ナレバ産所変リニテ少少ノ異同ハアルベシ、廣群芳譜ノ四季花モ同物ナリ。

以上の記述によれば、この植物は、中国南部あたりから、琉球を経て、渡来したもののようであり、中国ではその茎葉を擣いて出た汁を傷薬として用いたようである。

さて次にイセハナビの語源であるが、これについては、かの南方熊楠が、親しかった和歌浦の素封家和中金助の死後、昭和三年（一九二八）和中の息金吉（三代目金助）を訪ねた際、懐旧の情にかられ、自ら筆をとり金吉に贈ったという絹本淡彩、自画自賛の一幅「イシハナビの図」の賛に次のように記してある。

明治卅三年十二月和歌浦円珠院に侘しく暮す内、先代金助君しばしば訪れた庭前に美花咲く、草かと思わるも、茎堅くして木の如し、持合たる草木図説に引合してイセハナビと判った。此の物、土佐の五台山、潮江山抔《など》に自生すると聞たれど、爰《ここ》のは昔栽《うえ》た物の半分野生となったらしい。夏花を開くそうだが眼前に冬を盛りと咲ほこり居た。イセハナビとはなぜいうか訳分らず。斯学の元締め白井光太郎博士に聞合すと柚木常磐《ゆのきときわ》の江州植物目録にイシハナビに作る。岩石に生じて紅葉でもするのでつけた名かと示された。吾等みたところ紅葉はせねど冬も新緑で嘗《かつ》て凋《しぼ》まず、葉裏と茎葵白くして紫を帯び、花紅紫なれば所《いわ》謂《ゆる》玲瓏《れいろう》として五彩爛たりと見たてイシハナビと、はでな名を命じたるものか。今度急用あり熊野から登り、三代目金助氏に初対面して懇待を忝《かたじけ》のうしたうれしさに、先大人《うし》と閑談の都度《つど》此花の厳寒に栄うるを眺めたことを思い出し、継立を嘉し守成を祝うとて

冬もさく根本は固しイシハナビ

熊楠六十二歳

昭和三年五月廿一日　午後四時成

この画幅の下半分には、満開の花を付けたイセハナビの図が描かれている。(この画幅の写真版は八坂書房刊『南方熊楠アルバム』に掲載されている)

引用した画賛の文句でもわかるように、熊楠翁は、白井光太郎博士の考証に基づいて、イセハナビの名はイシハナビの転化したものと確信していたようであるが、イセハナビの本来の名がイシハナビであったという説には疑問の余地がある。

というのは、水谷豊文の『物品識名(正篇)』に、「イシハナビ イソマツ」、「ナントウ イセハナビ」とあり、また『同(拾遺)』には、「イセハナビ ナントウ」と記されており、イシハナビはイソマツのことであり、イセハナビはこれと別物で、ナントウ(南島＝琉球)の異名を有する植物であることを明示しているからである。

一方松村任三博士の『植物名彙』には、イソマツの別名としてイソハナビの名を掲載している。確かにイソマツは、生態的にも形状的にもイソハナビの形容がふさわしく、イソハナビがイソマツの別名であることはほぼ間違いない。『物品識名』のイシハナビは、おそらくイソハナビの転化したものであろう。

ところで、イソマツとイセハナビとを比べてみた場合、いずれも低木状の草本であることが共通しているほか、花穂の生じかたがやや似ている程度で、全体の姿にそれほど相似点があるとは思えない。しかし原産地は中国としても、ナントウ(南島)の別名の示す如く、近世琉球を経て、南九州あたりに渡米したとなると、当初は海岸近くに植栽されていたものと想像され、誤ってこれをイソハナビと呼び、転じてイセハナビとなった可能性は必ずしもなしとしない。とにかく、イソハナビ、イシハナビ、イセハナビの三つの名は互いに無縁とは信じられず、いずれも相互に関連した名称と考えられるが、強いて憶測すれば、イソハナビを基本語として、イシハナビ及びイセハナビは、いずれもこれから派生した語である公算が高い。

# 2　イノコズチ

## まえがき

私は、かつて拙著『植物和名の語源』のなかで、ヒユ科のイノコズチ（牛膝）という植物の古名が、従来いわれていたように「ゐのくつち」ではなく「ゐのくつわ」ではなかったかという考えを述べた。その根拠として、江戸時代の方言辞書である『俚言集覧』に、「牛膝　ゐのくつわとも」とある点を挙げた覚えがある。私は若いころ騎兵連隊に入隊、馬の「くつわ（轡・銜）」を取り扱った経験から、イノコズチの左右上方に伸びた花軸の姿が、馬の口にはませる「はみ（馬銜）」の形にそっくりである点に気づき、「ゐのくつわ（猪の轡）」なる古名が、この植物の実態を表すうえで、まさに適切な名前と思うと同時に、こうした言葉が江戸時代の辞書に載っていること自体に、今更のように驚いた次第である。「くつわ」は、最近奈良の藤ノ木古墳から出土しているように、すでに四世紀末朝鮮半島から渡来しており、古代の日本人にとって馴染み深く、その構造も、古代と現代とで基本的にはそれほど大きく変わっていない。

またその際、『新撰字鏡』をはじめ『本草和名』や『和名抄』などに出てくる「爲乃久豆知」

や「爲乃久都知」は、本当は「爲乃久豆和」、「爲乃久都和」であって、「知」と「和」との字画が似ているため、誤写されたのではないかという意味のことを述べた。だがそのときは、あくまでも憶測であって、はっきりした証拠を示すことができなかった。

ところが、その後調べているうちに、いろいろなことがわかり、私の憶測が必ずしも的はずれでないことがはっきりしてきたので、少々大胆かも知れぬが、以下私の推論を述べ、各位のご批判を仰ぎたいと考える次第である。

**イノコズチは「爲乃久豆知」の転訛であること**

イノコヅチ（H）

イノコズチの和名は、上記のように、『新撰字鏡』や『本草和名』に万葉仮名で以て表記した「ゐのくつち」から転訛したことは明らかであって、鎌倉時代の国語辞書『名語記』に、「下藹ハ　ヰノコッチト申シアヒタリ」とあり、すでにこの時代庶民の間において「ヰノコッチ」の名で呼ばれていたことがわかる。

では、「ヰノクツチ」の語源はというと、屋代弘賢は、『古今要覧稿』のなかで、「ク」は「コ」に通じるとしたうえで、『古今医統』という本に「牛膝　一名鼓槌草、其茎有レ節如二鼓槌一」とあるから「猪の鼓槌」ではないかと述べているかと思うと、同書ではまた讃州で「えのころつち」というから、「狗槌」の意味かも知れぬと至極あいまいな解釈を下している。

一方『大言海』をみると「豕槌（ゐのこづち）」だといい、ほかにまた「猪の小槌」といった説もある。

いずれも、強いて「牛膝」の漢名に関連づけた解釈であるが、このように最初に「ゐのこづち」なる言葉があったとは私には思えない。『新撰字鏡』や『本草和名』にある「ゐのくつち」という語が、後に「ゐのこづち」に転訛したと考える方が順当なような気がする。ただし、平安時代以前に果たして「ゐのくつち」と称していたかどうかについては、後に述べるような理由により、少なからず疑念の持たれるところである。

## 『新撰字鏡』とはどのような辞書か

本論に入るに先だって、「爲乃久豆知」なる語が最初に出てくる『新撰字鏡』という辞書はどのようなものであるかについて説明しておく必要がある。

『新撰字鏡』は、昌泰年間（八九八〜九〇一）から、遅くとも延喜の初め（九一〇）ごろまでに僧昌住の編さんしたわが国最初の国語辞書で、原本はすでに散逸し、現存する最も古い写本は、「天治本」と称し、天治元年（一一二四）、つまり原本ができてから二〇〇年余り経た後に、大和法隆寺の僧侶によって書き写されたものである。この「天治本」は、一二巻揃いの完本で、これが安政三年（一八五六）偶然に発見されるまでは、『新撰字鏡』の中の和訓（万葉仮名）の付記された語だけを抜き書きした、いわゆる抄録本しか知られていなかった。これらの抄録本の写本や書入本で現存するものは、最も古いとされる慶長一七年（一六一二）に書写された久原本（大東急記念文庫蔵）をはじめとして二〇種類余を数えるが、その原本は、「天治本」とは別の流れを汲むもので、多くは久原本と同一系統に属すると考えられている。

　ただし、それらのうち、宝暦一三年（一七六三）賀茂真淵に従って京都に遊んだ村田春郷・春海兄弟が、偶々同地の古書店で見つけた抄録本があり、これなどは、上記の「天治本」はもとより、他の抄録本ともその内容を異にしている。

　また盲目の学者として有名な塙保《はなわほ》己一《きのいち》検校が、彼の畢生の事業である『群書類従』中に収めた、いわゆる「類従本」と称するものがある。これについては、あとで触れるが、やはり「天治本」や他の抄録本と別系統の原本に拠ったとみられている。

　このほか、享和三年（一八〇三）に板行された、いわゆる「享和本」といわれる抄録本があるが、これまた上記諸本のいずれとも系統を異にするようである。

　幸いにして、昭和四二年（一九六七）、京都大学国語学国文学研究室の編著になる「天治本新撰字鏡」の影印版が刊行され、その後数度にわたって版を重ね、現在でも簡単に手に入るようになった。これには、「天治本」のほかに、「享和本」と「類従本」も併せて影印により収録されており、相互に内容の比較ができるので便利である。

### 『新撰字鏡』の「類従本」に「牛膝　爲乃久豆和」とあることについて

前置きはさておき、いよいよ本論に入る。

あるとき私は、偶々古書展で手に入れた『群書類従』(第二八輯雑部)中に収録された影印版の『新撰字鏡』(いわゆる「類従本)」をみているうちに、「牛膝　爲乃久豆和、又爲乃伊比、又云百億草」とあるのを発見した。さきに述べたように、『俚言集覧』に「牛膝　ゐのくつわとも」とあるのにまさに符節が合っており、会心の思いをしたものである。

これまで私は、『古事類苑』(植物部)に引用された『新撰字鏡』の記事しかみていなかったので、早速神田の書店で前記の『天治本新撰字鏡』を買い求め、これを参照したところ、「天治本」には、「牛膝　爲乃久豆知又云爲乃伊比、二八月採根陰干、又百億草」とあり、同書に併せ収録された「享和本」にも、「爲乃久豆知又爲乃伊比云百億草」とあることを知った。

こうしてみると、私のこれまで見た限りでは、牛膝を「爲乃久豆和」と訓じたのは、『新撰字鏡』では「類従本」だけということになるが、少なくとも抄録本のなかに「ゐのくつわ」に相当する和訓を付したものがあることを知っただけでも大きな発見だった。

ちなみに、上記の引用文中に記された別名「爲乃伊比」は、「猪の飯」の意味で、この植物の果実が籾に似ているので、これを猪の食う飯といったもの、また「百億草」の「百億」は沢山の意味であるから、果実が無数についた状態を形容したものであろう。

## 古辞書『古言梯』にも「ゐのくつわ」とあること

このように、牛膝に「ゐのくつわ」の和訓を付しているのは「類従本」の『新撰字鏡』とのみ考えていたら、江戸中期の国語辞書『古言梯』にも「ゐのくつわ」とあることを知りこれまた驚いた。『古言梯』の著者楫取魚彦《かとりなひこ》（一七二三〜八二）は、賀茂真淵に師事した国学者で、歴史的仮名遣いを研究、契冲にならって、一八〇〇余の古語を五〇音順に並べ、仮名遣いの根拠を信頼すべき古書の例によって実証すべく、明和元年（一七六四）著したのがこの辞書である。古代の言語の理解に到達するための階梯となるべき参考書という意味で〝古言梯〟と名づけたという。

この本は、昭和五四年（一九七九）勉成社から影印本が出ており、私はこれを書架に蔵しながら、ついその所在すら忘れていたところ、ある日ふと思いたって「牛膝」の語を引いてみると、その和訓に「ゐのくつわ」とあり、「わ」の傍に小文字で「ち」と付記され、さらに「草也、[字]爲乃久豆和、[名]爲乃久豆知、和、知字相似たり、いずれかしからん、[字]又爲乃伊比」と註されており、これを見て少なからず驚かされた。説明文中[字]とあるのは、『新撰字鏡』、[名]とあるのは、『和名抄』のことで、それぞれ出典を示した略号である。

魚彦が「古言梯」を編むに当たって、『新撰字鏡』の抄録本を用いたことは間違いなく、こうしてみると、当時「牛膝」を「爲乃久豆和」と訓じた「新撰字鏡」の抄録本が存在していたことはいよいよ以って確かである。あるいは現存する二〇余種の抄録本のなかに「爲乃久豆和」と記したものがあるとも考えられるが、それらの全部に当たってみたわけではないので、この点は確言できない。

ここで思い合わせられるのが前記の「類従本」のことである。「類従本」の編者である塙保己一は『古言梯』の版行された年の五年後、やはり賀茂真淵の門に入っているから、魚彦が引用した抄録本については当然承知しているわけであり、これをそのまま『群書類従』に収録したと考えれば、うまく辻褄が合うような気がする。

ここまで考えて思い当たるのが、上に述べた村田春郷・春海兄弟が、師の賀茂真淵と共に京都でみつけたという『新撰字鏡』の抄録本のことである。これをみつけたのは、『古言梯』の成った年の前年に当たっており、その著書である魚彦はこの抄録本を目にし、資料として大いにこれを活用したことを付言の中で述べている。だから「牛膝」を「爲乃久豆和」と訓じた抄録本はまさにこの本であり、同時に「類従本」に当たるものもこれではないかと推量してみた。

この抄録本の所在は明らかでないが、幸い前記の『天治本新撰字鏡』の解説中に、この本を村田春海が明和八年（一七七一）手写し、のちに伴信友が譲り受け、文化三年（一八〇六）これに朱で以て校正を加えたものが京大付属図書館に所蔵されていると記されていたので、早速京大国語学国文学研究室の安田章教授にお願いして、問題の個所のコピーを送っていただいた。ところが、私の推量は見事にはずれ、こと「牛膝」に関する限り、他の抄録本同様に「爲乃久豆知」とあり、この抄録本は、『古言梯』や「類従本」とは別系統のものであることがわかった。

ただし、伴信友は、この書の「爲乃久豆知」の「知」の字のわきに、「類従本」には「和」とある旨をわざわざ朱でもって校注しているところを見ると、「類従本」が当時の国語学者の間においてきわめて高く評価されていたことがうかがえる。

## 結論としての私の推理

「爲乃久豆知」と「爲乃久豆和」の「知」と「和」とは、字画がきわめて似ており、記述の際、これを書き違えることは十分ありうる。そこで私は、次のように大胆な推論を行ってみたい。

**(1)『新撰字鏡』自体が「爲乃久豆和」を「爲乃久豆知」と誤記したのではないか**

『新撰字鏡』の成立は、前に述べた如く、八九八年から九一〇年前後までの間とみられ、勿論当時はまだ印刷技術が発達していなかったので、手写による以外にはこれを広く伝える方法がなかった。従って、転写に次ぐ転写を重ねるうち、写し違いが生ずることは当然避けられず、上記の「知」と「和」との相違は、こうした転写の過程における誤記によるものとも考えられる。

しかしながら、『新撰字鏡』の成立後間もなく、延喜一八年（九一八）成立した『本草和名』や、承平年間（九三一～九三八）に撰進された『和名抄』に、それぞれ「爲乃久都知」、「爲乃久豆知」とあるところをみると、これらをすべて『新撰字鏡』を誤写したものとみることは不自然である。

それ故、『新撰字鏡』には、最初から「爲乃久豆知」とあったものと考えざるをえない。つまりこの辞書の編者がすでに誤記したということになる。

それでは、このような誤記がどうして起こったかということになる。それにはまずこの辞書の成り立ちの経緯からみてゆく必要がある。

編者である僧昌住は、南都古宗の学僧であると想像され（築島裕博士による）、漢字の学習に苦労し、ことに筆をとって文字を認めるに当たり、「蒙然として雲霧の中に居る」思いであったとその序文の中に述べているように、大変な不便を感じたものらしい。『一切経意義』を入手したものの、もともとこの書は、仏典を読むには便利なものの、ほかの本を読む場合、問題の文字の所在がわからず、不便であるため、なんとか検字に便利なように文字を配列することを考え、数多くの和漢の書からいろいろな材料を集め、編集したのがこの『新撰字鏡』である。従って、すでに散逸してその実態のわからぬ『楊氏漢語抄』とか『弁式成立』とかいった辞書も参考とされている（阪倉篤義博士による）。また本草関係では、『新修本草』なども参考とした形跡があるという（上野益三博士による）。

このように、日本人の手による日本人のための初めての辞書であり、しかも森羅万象すべてにわたって、二万余りもの語を網羅するとなると、なかには誤解、誤伝、誤記などによるミスが少なからずあったことは想像に難くない。「ゐのくつち（爲乃久豆知）」もその一例で、本来は「ゐのくつわ（爲乃久豆和）」と称されたのが、このように誤記されたものに相違ない。

四世紀末、日本に騎馬民族が渡来し、こうした馬を取り扱う人々の間から、馬の「くつわ」からの連想によって、牛膝に対する「ゐのくつわ」と称する名前が生まれたものと想像される。ところが「ゐのくつわ」という語が一般に通用したのはせいぜい奈良時代までで、平安時代騎馬民族の遺風が次第に薄れるにつれて、奈良時代の文献に「爲乃久豆和」とあるのを、『新撰字鏡』の編者自身が「爲乃久豆知」と誤記し、誤記に気付かぬまま、この語が後世に伝えられたのではなかろうか。私は以上のように推論してみた。

**(2) 江戸時代に「爲乃久豆和」と記した『新撰字鏡』の抄録本のあるのはなぜか**

次に上記のように推論した場合、それではなぜ「類従本」のように『新撰字鏡』の抄録本の一つに「爲乃久豆和」とあるものが存在したのかという疑問が生じる。これに対して私は次のように推定する。

すなわち、この抄録本の編者は、おそらく馬の、「くつわ」と牛膝なる植物の形態について十分心得た人ではないかと思う。『新撰字鏡』の中の和訓の記してある語を拾いながらこれを抄録するうち、牛膝の訓に「爲乃久豆知」とあるのを見て大いに不審を懐いた。なぜならば、「猪の」で始まる植物名には、次のように、いずれもそれ相応の語源的な根拠が存するからである。

「ゐので」（猪の手＝イノデ、鱗片で覆われた葉柄が猪の足を連想させる）

「ゐのはな」（猪の鼻＝シシタケすなわちクロタケ、形が猪の鼻に似ている）
「ゐのしりぐさ」（猪の尻草＝ヤブタバコ、臭気がある）
「ゐのととき」（猪のととき＝ニガカシュウ、塊根がツリガネニンジンに似ているが、ひげ根が多く苦くて食べられない）
「ゐのいひ」（猪の飯＝牛膝、多くの果実が飯に似ているが人間は食べられない）

これらに対して「ゐのくつち」では、なんの意味かさっぱりわからない。そこで考えた末、「爲乃久豆知」のあるのは実は「爲乃久豆和」の誤記に違いないということに思いつき、そのように校訂したのではなかろうか。

その証拠に、江戸時代の抄録本のうち、「爲乃久豆和」とある「類従本」はとくに校訂本的性格が強いという（阪倉博士による）。また塙保己一が、他の抄録本を差し置いて、これを『群書類従』中に収録したのも、この本の校訂が行き届いているのを見きわめたうえでのことではないかと思う。さらにまた楫取魚彦が、『古言梯』に「ゐのくつわ」の語をあえて載せたのも、この語の意味をよく理解しえたからではなかろうか。

以上のような私の推論に対し、国語学者のなかには、これを一笑に付される向きも多かろう。しかし、言葉とくに物の名は、案外その実を離れて独り歩きしがちなものである。私は常々、植物名に限らず、物の名の語源というものは、名実を一体として把握するのでなければ、理解不可能であると考えている。従って、まったく理解のゆかない言葉には、これをゆがめるに至ったなんらかの原因があるものと疑ってかかることにしている。
こうした前提のもとに、物的証拠こそ希薄であるが、確信的な状況証拠に基づいて、臆断のそしりを覚悟のうえで、あえてこのような推論を試みた次第である。

**以上のまとめ**

これまでに述べた論拠は、できるだけわかり易く説明するように心がけたつもりだが、読み返してみると、やや煩雑にわたり、難し過ぎて、わかりにくいとの非難を受けそうである。そこで、これまでの私の推論論旨を次のように要約してみた。全文を読むのが億劫な方はこの部分だけでも目を通して頂きたい。

「四世紀末、日本に騎馬民族が渡来してのち、牛膝の、茎を中心に左右に斜上した花軸を馬のくつわに見たてて〝猪（ゐ）のくつわ〟と称したが、この語は奈良時代前後に死語と化し、平安時代の辞書『新撰字鏡』では、万葉仮名の「和」を「知」と間違えて〝ゐのくつち〟とし、後世にこれが転訛してイノコズチとなり、現在に至っている。ところが江戸時代『新撰字鏡』の誤りを校訂した学者がおり、この校訂本が『群書類従』に収録された、いわゆる「類従本」である。このほか江戸時代の辞書『古言梯』及び『俚言集覧』にも「ゐのくつわ」の語が載録されている。」

（この拙文を草するに当たり、京都大学国語学国文学研究室安田章教授に大変お世話になり、厚く御礼を申し上げる次第である）

## 3　イロハモミジ

カエデの仲間にイロハモミジというのがある。イロハカエデ・タカオモミジ・タカオカエデ・コハモミジなどの別名もある。

『中国高等植物図鑑』にはこれの中国名として「鶏爪槭」を挙げている。わが国では、古くから鶏頭木・鶏冠木・鶏頭樹・鶏冠樹などの文字を当てているが、これらはいずれも和製の漢字名である。

日本では、福島県の北部から四国・九州まで、至るところの野山に自生し、さらに韓国・中国東部・台湾などにも自生しているという。庭木としても使われ、あるいはこれからいろいろな園芸品種が作り出されるなど、古くから一般に親しまれ、単にモミジといえばイロハモミジを指す場合すらある。

イロハモミジの名前の由来を調べてみると、まず江戸時代の方言、諺などを集めた辞書『俚言集覧』に、「葉七叉に生ずるゆえにいう」とある。イロハモミジの葉は、五ないし七に深裂し、しかも七裂する場合が比較的に多いので、その裂片を「いろは」順に数えてゆくと、「いろはにほへと」の七文字に丁度区切りよく納まる。そこでイロハモミジの名が起こった。この説が正解であるように考えられる。

この説のほかに、美しく色づいた木の葉と色葉というので、イロハモミジがみごとに紅葉するところから、「色葉モミジ」の意味であると唱える人もある。しかしながら、カエデの仲間は、いずれも美しく紅葉もしくは黄葉するのが普通であるから、イロハモミジに限ってこれを「色葉モミジ」とする根拠はきわめて薄い。だからこの説はこじつけとしか思えない。『色葉字類抄』・『運歩色葉集』・『本草色葉抄』など、「いろは」に「色葉」の漢字を当てるのは、辞書・字典などの題名に用いた場合が多く、他にこうした用例はあまりみられない。

イロハモミジ（E）

なおイロハモミジの方言に「テナライモミジ」というのがある。これは、昔の手習い、つまり習字の手本が、「いろは」の文字で始まっていたため、このように呼ばれたものであろう。またイロハモミジの裂片が八つのものが、ごく稀に見つかる場合がある。私が子供のころ育った三河では、このような至極珍しい葉を見つけ出して、これを「テノアガルモミジ」と称し、習字の手が上がる、つまり字が上手になるまじないとして、これを大切に仕舞っておいたものである。こうした風習は、ひとり三河に限らず、全国各地において行われているようである。

イロハモミジの語の起源は比較的新しいように思われる。江戸初期の園芸書や本草書中にその名が見あたらないところからみると、江戸中期以後に起こった言葉ではないかと考えられる。また手習いに関連のある方言や習俗からみて、享保以後における寺子屋の普及となんらかの関連があるように思われてならない。

余談であるが、去る十月三日（日）、NHKの「日本人の質問」というクイズ番組で、イロハモミジの語源がとり上げられた。イロハモミジの「イロハ」とは何か？ という問題が出された。これに対するレギュラー四人の物知り博士の解答を紹介すると、まず最初に高橋さんは、「江戸時代の植木屋さんの修業は、まずこのカエデを扱うことから始まったので、「イロハ」の名前が付いた」、次に大桃さんは、「紅葉の名所、日光のいろは坂からこの名が付いた」、さらに矢崎さんは、「江戸時代〝匂いタチバナ、色はカエデ〟という言葉があり、色を楽しむならばカエデが一番、この〝色〟が〝イロハ〟になった」と言い、最後に桂文珍さんが、「葉の先がたいてい七つに分かれているので、昔の人はこれをイロハと数えた」と答えた。

無論最後の答えが正解であるが、これを当てたのがたったの一組だったのは意外であった。

この問題については、予めNHKの番組担当者から、電話で私のところに問い合わせがあり、先に記したような意味のことを返事したところ、ぜひ私がこのことを説明する場面をビデオに撮って、当日画面にこれを出したい旨の要望があった。これに対し、私としては、今さら老醜の姿を衆目にさらすのは恥しい限りと、強硬に断ったが、担当者がわざわざ拙宅を訪ねるなど、再三の要請に屈し、ついにビデオ出演を承諾する破目になってしまった。ところで、いざ私の説明の場面がテレビに映るや、これを見た知人から矢継ぎ早に電話がかかり、驚いたことにこれを機縁に小学校時代に親しかった友人と、七十余年ぶりに再会するなどのハプニングもあり、あらためてテレビの影響の大きなことを思い知らされた。

# 4　カイジンドウ

## カイジンドウとはどんな植物か

シソ科の Ajuga の仲間にカイジンドウと呼ぶ植物がある。ヒイラギソウに似ているが、草丈はこれよりやや短く、葉も、ヒイラギソウのそれが鋭鋸歯を有するのに対し、こちらは鋸歯は粗くて大きく、上部の葉は赤紫色を帯びることが多い。花冠も前者の青紫色に対し、紅紫色を帯びており、花期もヒイラギソウに比べて若干遅いようである。私もかつて神津牧場、菅平、霧ケ峰、富士山麓の三国峠付近などでこれを目にした覚えがあるが、その分布の範囲は、北は北海道から南は九州にわたり、ヒイラギソウの分布が関東中部に限られているのに対し、かなりその範囲は広いようである。

東京近辺では八王子から相模湖行きのバスを山下で降り、南高尾の尾根へ向かって登りつめた付近に、以前はかなり見られたというが、私が南高尾をわが庭のようにして歩き初めた三〇年ほど前にはすでに絶滅していた。野草愛好家にとっては魅力のある植物である。

## 武田久吉博士のカイリンドウ説

さてカイジンドウの語源であるが、『牧野新日本植物図鑑』をみると、「甲斐に産するリンドウの意味であるといわれている」とあり、この説は諸書に引用されている。この「甲斐リンドウ」説の大本《おおもと》を探ってみると、どうやら武田久吉博士の『民俗と植物』に掲載された「草木の方言と名義」と題する章に収められたジンドウソウの語源に関する次のような一文に拠ったものと思われる。少し長いが、参考となる記述が多いので、その全文を引用してみよう。

　ジンドウサウ―飯沼慾斎翁の『草木図説』巻十一第五十二図に、ヒラギサウ一名ジンドウサウという者が載っている。説いて云わく、〃草形アフギカヅラニ似レドモ特生一二尺、葉稍長クシテ深欠刻数尖起不斉ノ尖歯アルコト彼ヨリ甚シ。故ニヒラギサウノ名ヲ得〃とあって、この名義は甚だ明瞭である。處でその一名のジンドウサウに至っては何等の説明がない。然しアフギカヅラの條下には、その一名としてツルジンドウの名を掲げ、草状を記すにあたって、〃略甲斐ジンドウニ似レドモ花稍大云々〃とある。カヒジンドウは同書第四図に示すもので、〃形色アフギカヅラニ似テ稍小云々〃、又〃全形葉質ジウニヒトヘニ似レドモ、葉形アフギカヅラノ態アリ云々〃、そして「葉形異レドモジウニヒトヘニ属スルヲ可トセン、甲斐ジンドウノ名義不正、故ニ新ニ菊葉ノジウニヒトヘ

カイジンドウ（G）

ノ名ヲ下ス〟と結んである。斯くジンドウサウ、ツルジンドウ、カヒジンドウの三種同一属の草が、昔から知られているが、その名義は明かでないし、慾斎翁もそれを余り好んで居られなかったらしい。だがツルジンドウは蔓性のもの、カヒジンドウは甲州産若しくは甲州に発見されたジンドウサウの義であることは、論ずる迄もない。然ればジンドウサウとは何の意かを詮さくすれば宜しいのであるが、それは決して容易な業とは思われない。

ジンドウソウに漢字を配したのは、筆者の管見では、明治二八年一一月発行の、松村博士の『植物名彙』を以て嚆矢とするらしく思われる。同書には、ジンドウソウに神頭草の漢字を配し、カイジンドウには甲斐神頭と付記してある。然しこれでは神頭が何を意味するものか見当がつかない。然るところ、近年甲州を旅して、甲斐ジンドウでこそないが、ジンドウの何たるかに、見当がついたのである。即ちジンドウはリンドウの訛語に外ならないことを知った。それは同国の一地方で、リンドウを指してジンドウと呼んで居る者に出会ったからである。

ジンドウソウは邦内諸所に産するので、それをこの名で呼ぶのは何の地方か明かでない。然し克明に捜したなら、何れかで発見することが全く見込がない事ではあるまい。そしてこの草を斯く呼ぶのは、必ずやリンドウと誤認しての事に相違ない。

(原文中の仮名遣いの一部を現代のそれに直した)

## 武田博士のカイリンドウ説に対する反論

以上長々と武田博士の説を引用したが、同博士が総論として述べられたジンドウ（ソウ）は、リンドウ（ソウ）の訛ったものと解する考え方には疑問がある。その主たる理由として次の二点を挙げることができる。

⑴『全国植物方言集』、『日本植物方言集（草本類篇）』その他の地方別の方言集のどれをみても、リンドウに対してジンドウの異名は見当たらず、またこれまでそうした事実を耳にしたことはない。

⑵　草の名に樹木名を冠する例は、サクラソウ、ヒイラギソウ、エノキグサ、センダングサ、クチナシグサなど数多いが、草の名に同様に草の名を冠する例はないわけではないが、たといあっても、例えばレンゲソウ、シソクサといったように、両者の類似点がある種の際立った特徴を有する場合に限られている。従って、ヒイラギソウをリンドウと誤認してリンドウソウ（訛ってジンドウソウ）と称するようになったといったことは、まったくその例をみない。

このような理由から、武田博士のジンドウ（ソウ）＝リンドウ（ソウ）説は妥当でないように思われる。

**神頭草の漢文名は当て字**

また武田博士の上記の引用文中に、「ジンドウソウに神頭草の漢字を配したのは、筆者の管見では、明治二八年（一八九五）一一月発行の松村博士の『植物名彙』を以て嚆矢とするらしく思われる」とあるが、『草木図説』にはジンドウサウ、『本草図譜』には〝じんどうさう〟

と、いずれも仮名書きであって、漢字名の記載はない。白井光太郎博士の『本草学論攷』(第三冊)に、「在来四季草花名称考」と題する文章が掲載されている。

これは、同博士の所蔵されていた、安政六年(一八五九)に書写された『四季草花名寄花形附』と題する写本に解説を付記したもので、同文章中の「凡三月咲」の項に「ジンドウ草」の名が見え、これに「ジンドウ草又矢頭草と書す。葉形稍矢鏃《やじり》に似たるを以てなり。一名ヒイラギソウ」という説明を付している。この文章は大正四年(一九一五)発行の『園芸之友』に発表されたものである。

白井博士がジンドウソウに当てた神頭草の漢字名も、上記の『植物名彙』の場合と同様に当て字ではないかと思う。神頭は、的矢(的を射るための練習用の矢)の鏃の一種で、多くの場合木で作り、矢幹に接する部分は細く、次第に膨みをもち、中ほどで凹み、さらに先に至っては太くなるもの(図1)、あるいはまったく膨みのないもの(図2)などあるが、いずれも的に当たる部分は的を傷めないように平になっている。その字のいわれを、伊勢貞丈は、『四季草』という故実書の中で、「中をくり抜かず、中実にしたため、実頭《じっとう》といったのがじんどうに転訛したもので、神頭は宛字《あてじ》である」という意味のことを述べている。

こうした神頭に関する記述をみる限りでは、これがヒイラギソウの葉形に似ているとは到底思われず、といってこれを花の形に見たてたと考えたところで、いささか無理がある。また矢頭草の名も、神頭草から導かれた名で、果たして実際に用いられていたものかどうか疑わし

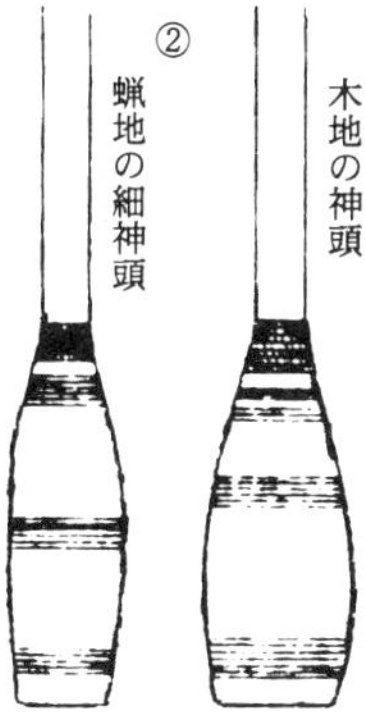

筌　箪

図1　神頭（『資料日本歴史図録』より）
図2　神頭（『日本国語事典』より）
図3　筌箪（『和漢三才図会』より）

い。何はともあれ、いまのところ矢頭草がヒイラギソウの異名として通用していたという確証はえられていない。

**ジンドウソウは魚具の「じんどう」に拠るものではないか**

私は、ジンドウソウの語源は、的矢の鏃の神頭とは直接関係なく、矢張り「じんどう」の名で呼ばれている魚具に基づくもので、ヒイラギソウの花の形をこの魚具に見たてたうえの名前ではないかと思う。魚具の「じんどう」は、川や池、湖などに立てて魚を捕る道具であって、細い竹を編んで作ったものである。『和漢三才図会』巻二三「漁猟具」の項に、「筌箪《ジントウ》」の名を挙げ、次のように説明するとともに、（図3）のような描画を添えている。

按ズルニ江湖、池塘ニオイテ魚ヲ捕ル具ナリ。竹ヲ編ミテ之ヲ作ル。上窄《セマ》ク、縄ヲ以テ之ヲ括《クク》ル。下潤《ヒロ》クシテ円ク、蘊《エンサ》ヲ以テ底ト為シ、横ニ口有リ、

熬糠稗《イリヌカヒエ》等ノ餌ヲ用イ内ニ在リ、垂簀《タレス》ノ扉ヲ懸ケ、魚入リテ出ズルコト能《アタ》ワズ、呼ンデ志牟止《ジムド》宇《ウ》ト曰ウ。（原漢文）

また『物類称呼』には、「竹筌、たっぺ、魚をとる具也。近江にてたつめという。河内にてぢんどうという。四国にてうえと云い、武州にてどうという。」とあり、こん日でも「うけ」、「うえ」、「どう」などと称するものの一種で、広くは漢字の「筌」がこれに当たる。無論この種の漁具には、構造や用法にいろいろ相違があるが、とくに「じんどう」と称するものは、水中に立てて用いるもので、細い割り竹を円錐状に編み、上端を結え、下端に藁《わら》や萱で編んだ「えんさ」（蘒の漢字を用い円座の意）と称する円形の底をとりつけ、筒形の横の底部に接した部分に口を設け、これに垂簀《たれす》と称する竹で編んだ小さな扉を垂らす。この扉は内側には開くが、外側には開かない仕掛けになっているため、筒形の中に置かれた餌に誘われた魚が、いったん中に入ると外にでられないという構造になっている。

察するに、ヒイラギソウの筒状の唇形花の唇弁の部分を、魚具「じんどう」に特有の垂簀を付した下部の開口部に見たて、これをジンドウソウと称するようになったものではなかろうか。

## 鏃の神頭と魚具の「じんどう」との関連

なお、『和漢三才図会』の「筕箪《ジンドウ》の項の冒頭に、「正字未詳、字音ヲ用イルコト假借ニヨルモノニシテ、此ノ字鏃ニ同名ノモノアリ、形略似タリ、ソノ何レニ本ヅクカヲ知ラズ」とある。

漢和辞典によると、茬は「むしろ」、箄は「あみ」の意とあり、この魚具の実体を表した名のように思われるが、実はこの漢字名も当て字らしい。

的矢の鏃の名称である神頭《じんどう》と、魚具の「じんどう」も、ともに円錐形である点は相似ているが、鏃の神頭が中実であるのに対し、魚具の方は中空であり、しかもこの方は、ヒイラギソウの筒状花の先端部分における唇弁の微妙な形状に通じるものがあり、ジンドウソウのジンドウは、花の形状を魚具の「じんどう」に見たてたものと解する方が妥当のような気がする。従ってカイジンドウの語源は、「甲斐に産するジンドウソウ（ヒイラギソウ）の意」と解すべきであると思う。

ただし、鏃の神頭と魚具の「じんどう」と、どちらが先にあった言葉かというと、前に述べた神頭の語源を「実頭」の転じたものという伊勢貞丈の説を正解とすれば、前者の語が先にあり、後者の語がのちにこれより派生したとみるのが当たっているかも知れない。

## 5　キリンソウ

先頃、ある本を見ていると、「キリンソウを麒麟草であると唱える人があるが、これは誤りで、黄輪草が正しい」といった意味のことが書かれていた。

私は、かつて『植物和名語源新考』という本の中で、キリンソウの語源は麒麟に基づくとの確信のもとに、これについての考証を行った関係で、「キリンソウを麒麟草であると唱える人」といえば、まず私のことを考えて間違いなさそうである。「麒麟草というのは誤りである」という論拠がはっきりと示されていないので、なにを根拠にそう言われているのかわからないが、とにかく「誤りである」と断言された以上、この記事を目にした人の誤解をとくためにも、キリンソウは、あくまでも麒麟草でなければならないとする証拠をはっきりさせておく必要があると思い、次に詳しくその論拠を説明する。

いうまでもなく、キリンソウは、ベンケイソウ科のマンネングサ属（*Sedum*）の亜属に含まれる植物であって、わが国では、キリンソウのほか、ホソバキリンソウ、エゾノキリンソウ、ヒメキリンソウなどを産する。

キリンソウの語源については、『牧野新日本植物図鑑』に「何の意味であるか不明」とあり、ほかに別段これについて納得の行く説のあるのを知らない。

ただ白井光太郎博士は、大正の初め頃、『園芸之友』誌上に連載された『在来四季草花名称考』と題する解説記事の中に、「キリンソウのキリンは黄輪の意にして、花弁の黄色なるに取る。麒麟の意に非ず」と書かれている。前にも述べた如く、この記事は、『四季草花名寄花形附』と題する安政六年（一八五九）の写本に約二四〇種の草花の名称を挙げ、それぞれの花形、葉形を略記してあるのが、昔の草花の名を知るのに便利だというので、これに解説を付して、上記の『園芸之友』に連載されたものである。上に引用した文章は、この写本に「麒麟草」とあるのに対し、これを誤りとし、「黄輪草」を以て正しい名と断定、付記された同博士の意見である（白井光太郎『本草学論攷』第三巻参照）。

キリンソウ（D）

冒頭の記事も、この白井博士の説を支持されたものらしいが、私にはこの説に対しては異論がある。

その論拠のまず第一は、「黄輪草」の如く、黄輪と書いて、これをキリンと読ませるようなことは昔の人は、原則としてしなかったからである。

昔は、漢字の熟語を、「重箱」のように、上の字を音、下の字を訓で読むのを「重箱読み」と称したのに対し、これと反対に、「湯桶」「手本」「身分」「野宿」などの如くに、上の字を訓、下の字を音で読むのを「湯桶《ゆとう》読み」といって、『安斎随筆』に「儒者など甚だ笑うことなり」とあるように、つとめて、こうした読み方を避けたものである。黄輪《きりん》はまさにこの「湯桶読み」に当たり、たとえ俗語としても、きわめて不自然な熟語である。とは言っても、「湯桶読み」の例が僅かでも存在している限り、単に読み方だけを理由に「黄輪草」説を退けるわけにはいかない。キリンソウが「麒麟草」でなければならぬ理由を積極的に論証しなければ、ただの水かけ論に終わってしまう。

そこで論拠の第二として、「麒麟草」でなければならぬという理由を次に述べる。

念のため断っておくが、私が、キリンソウを「麒麟草」であるとする重要なポイントである麒麟は、いうまでもなく、よく、動物園で姿を見かける、例の首の長いキリンではない。もともとは中国の古い文献に出てくる想像上の動物で、キリンビールのレッテルに描かれている商標の図は、ほぼこの姿に近いものとみてよかろう。

この動物は、いわゆる瑞獣とか神獣と称するものであって、毛虫《もうちゆう》三百六十の長といわれ、聖人が出現して、王道の行われるとき、そのしるしとして現れるとされる。孔子が、『春秋』を著し、「哀公十四年、春、西ニ狩シテ獲レ麟ヲ」の句を以て筆を絶ったという故事から、「獲麟ニ筆ヲ絶ツ」という有名な文句が生まれ、また単に「獲麟」というと、物事の終末を意味するようにもなった。非常に徳の高い獣であるというので、わが国の天皇のご即位の儀式に召される黄櫨染《こうろぜん》の御衣にもその模様が付けられている。

前漢末の京房の著した『易伝』によれば、「麒は雄、麟は雌で、体は〝くじか〟（和名キバノロ）という鹿の一種に似て大きく、尾は牛に、蹄は馬に似ており、背中は五彩の色で以て覆われ、腹の毛は黄色、頭上に肉で包まれた一本の角をいただいている」といわれる。つまり麒麟は瑞獣であるとともに、仁獣であるため、他を傷つけないように、その角が厚い肉に覆われているというわけである。

日本にも、麒麟が瑞獣であることは、古い時代すでに伝えられていたとみえ、『日本書紀』にもその名が現れる。とくに興味深いのは、天武天皇の九年、葛城山で鹿の角らしいものを拾った男が、「其ノ角、本二枝ニシテ末合ヒテ宍《シシ》有リ、宍ノ上ニ毛有リ、毛ノ長サ一寸《ヒトキ》、即チ異《アヤシ》ミテ献《タテマツ》ル」とあり、続いて「蓋シ麟ノ角カ」と述べた記事である。つまり角を拾った男が「その角の本の方で二つに分かれていながら、先の方でまた合わさり、しかも先の方に肉がついており、肉の上に一寸ほどの毛があり、不思議に思い、これを献上した」と言い、編者がこれに対して、「麟の角ではないか」という推定をくだしたわけである。

このように、麒麟の角が厚い肉に覆われているという認識は、すでに古代の日本人の間にもあったのである。

また文明一二年（一四八〇）に一條兼良の著した『樵談治要』という本に、「麒麟は角の上にしし（肉）有るにおいて、いきほひあれども、人をやぶらず、是れを聖人は、威ありてたけからずとのたまへり」とある。この書は時の将軍足利義尚の要請に応えて兼良が治世の要を説いたものであるが、この文句なども、麒麟の角が肉で覆われていることが仁獣とされた所以であるとともに、麒麟を特徴づけているとのなによりの証拠である。

キリンソウ属に限らず、ベンケイソウ科の植物は、そのほとんどの茎葉が多肉性である。私は、おそらく、キリンソウはその茎葉が多肉性の故に、こうした肉に包まれた麒麟の角に見たてたうえの名であると考える。

朝鮮でも、この植物を麒麟草（Kulintcho）の名で呼ぶが、これと和名との間には密接な関係があると思う。

キリンソウの名が、この植物の多肉性の故である証拠はほかにもある。

園芸用の多肉植物に、トウダイグサ科のキリンカクというのがある。青木昆陽の『昆陽漫録』に、「吉姑蘿、近年琉球ヨリ来ル、キリンカクト云フ草ナリ、中山伝信録ニアリ」と出ている。このキリンカクは、カナリー島の原産で、昆陽のいう通り、江戸中期に日本に渡来し、園芸植物として珍重されたものらしく、『草木性譜』に、竜骨木の漢名でその図が載り、『草木奇品家雅見』には斑入品の図が掲げてある。

こうしたキリンカクの名も、おそらく麒麟の角の意味で、その多肉性の葉を、肉で包まれた麒麟の角になぞらえたもので、キリンソウの名の由来と軌を一にしているように考えられる。

またベニキリン、ヒメキリンの如く、キリンに結びつく一連の多肉植物の名もキリンカクから派生したものであろう。ほかにも紅藻類の海藻にキリンサイというのがある。これなども、軟骨質の茎からいぼ状の突起が出ている状態を麒麟の角にたとえたものと想像される。

キリンを黄輪と解したのでは、種の植物名との関係が説明できないのではなかろうか。私がキリンソウを麒麟草と解するのは、こうした理由にもよる。

およそ、植物名の語源に限らず、物を一面からだけ見て、狭い視野に立って議論することはつとめて避くべきである。一方の側から、平面的にのみ物を見ると、えてして奥行きがわからず、その全体像を見失いがちである。物の本質に迫る近道は、これを多面的に観察することである。このことは、過去における私の苦い経験からえた自戒をこめた教訓である。

## 6　クグ

カヤツリグサ科の植物にクグの名のつくものがかなりある。例えば、クグガヤツリ、ウシクグ、シオクグ、ヒメクグなどがそれである。

『新撰字鏡』に「莇久々」、『和名抄』に「莎草　久具」、「和漢三才図会」に「磚子草　くぐ」とあるように、クグの名は古くから用いられ、いろいろな漢名がこれに当てられていたことがわかる。

また『大和本草』に「クグ（中略）織リテ短席トス。農人コレヲ以テ馬具トシ、又縄トス。武人是ヲ用イテ陣中ニ飯ヲ包ム苞トス。槌ニテウツベシ。」とあるように、昔はこれで以てむしろを編んだり、縄をなったり、物を包むなどの用に供したものらしい。

現在植物学の分野では、クグはイヌクグ（Cyperus cyperoides）のこととされているが、その昔実際には、もっと広い範囲にわたって、この仲間の植物が、クグの名のもとに、同じような用途に供されていた可能性が強い。

莎草は、古い本草書では、ハマスゲの漢名とされているが、『中国高等植物図鑑』をみると、莎草はカヤツリグサの仲間全般の名称に用いられている。また磚子草（磚子苗）は、Mariscus umbellatus の学名を有する植物に当てられているが、図を見る限りでは、この植物がイヌクグに近いものであることは間違いない。

さて、クグの語源であるが、『東雅』には、「莎草　クグ、和名抄に揚氏漢語抄を引てクグといふ。蘇頌図経に、此草用レ茎作二鞋履一と見え、李東壁本草にも可レ為二笠及雨衣一、又作レ蓑など見えたり。即今俗にもクグと云ひて、或は蓑となし、或は縄となすもの是也。和名抄茎立の字を読てクグタチいふ此なり。」とあり、クグはくき（茎）の転じたものとしている。

また柳田国男は、『巫女考』の中で、「クグツ」と称する袋の説明として、「古くは万葉集巻三の、〝潮干《しほひ》のみつの海女のくぐつ持ち玉藻刈るらむいざ行きて見む〟と云う歌から、近くは明治三十五年に出版せられた『若越方言集』に、クグツとは叺《かます》なり、物を入るる物なりとあるまで、多くの書物にそれが一種の袋であることを証拠立てて居る。多分は山沢湿地に自生する莎草《くぐ》と云ふ植物で其袋を製したのであろう。クグで作った袋をクグツと云ふとは一寸分らぬが、事によると元は草をクグシ又はクグチなどと謂ったのを、後に製品と区別する為にクグにしたものかも知れぬ。クグは即ち近頃まで東京でも物をくくるのに用いるクゴ縄のクゴである。」

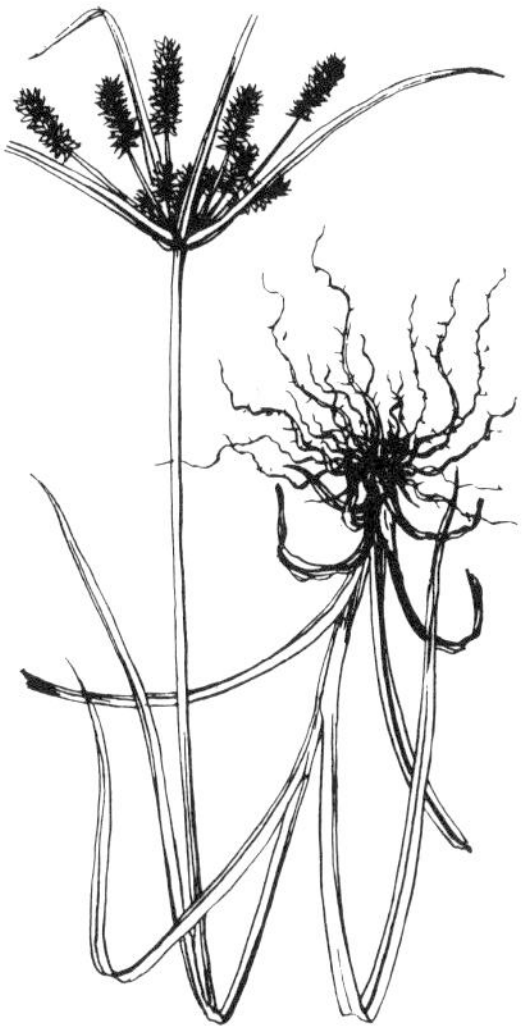

クグ（J）

と述べている。この柳田説は、説明に不足な点はあるものの、上掲の『東雅』の説に比較して、ある程度的を射ているといってもよかろう。

私はクグの語源について、次のように考えている。

物を縄や紐でしばることを、昔は「くく（括る）す」といった。この「くくす」という動詞の連用形を名詞化したのが「くくし」である。古代丈夫な植物繊維を編んだ手提袋を「くぐつ」と称したのは、この「くくし」と「つと（苞）」とが結びついた「くくしつと」の語がつまってできた言葉ではないかと想像される。いうまでもなく、「苞《つと》」というのは、もともとわらなどで魚や野菜、果物などを包んだもの、または包むためのものであって、完全な容器の態をなしたものではない。これを、簡単に物の出し入れのできる容器とするためには、材料を緻密に編んだり結わえたりして、袋状にこしらえなければならない。こうした加工の方法が「くくし」であって、できた製品を「くぐしつと」といい、これがつまって「くぐつ」となった。そうなると、製品である「くぐつ」に対して、「くぐ」がその材料の名となる可能性はきわめて高い。従って、「くぐつ」の材料として最も多く用いられたカヤツリグサ科のある種の植物が「くぐ」の名で呼ばれるようになった。

以上が私の推論のあらましである。

ちなみに、中古わが国に、傀儡《くぐつ》、傀儡子《くぐつし》、傀儡回《くぐつまわし》などと称して、あやつり人形を回して見せ、またそのかたわら、曲芸や奇術などを演じて回った一種の浮浪民があった。この傀儡《くぐつ》の語源を、これらの漂民が上記の「くぐつ」と称する手提袋を携行していたからと説く学者がある。柳田国男もその一人である。ほかに国語学者安藤正次は、朝鮮語をふまえた興味深い語源説を発表している（『歴史地理』一九一九年三月号）。この説はクグの語源にも触れているので、次にその概要を紹介してみよう。

「崔世珍の訓蒙字会によれば、傀儡の朝鮮語はkoang-taiで、ngを日本語に移すとguになる例があるから、KoangがKuguとなり、ついにクグツになったものであろう。わが国の傀儡子によく似たもので、高麗で〝広大〟と称するものがあり、その朝鮮音はやはりKoang-taiである。傀儡子は本来中国から、朝鮮を経て、日本に渡来したもので、その際高麗の〝広大〟の一派は、歌舞伎を余業として、柳の枝を編んだ器を販売しており、わが国の傀儡子の徒もこれにならい、袋を編むのを業としたので、これを〝くぐつ〟といい、その材料を〝くぐ〟と称するようになったのではなかろうか。」

以上が安藤説の大筋である。傀儡の語源を朝鮮語に求めたところなど、すこぶる卓見だと思うが、私には手提袋の名の「くぐつ」と傀儡《くぐつ》との間には別段の関係はなく、前者は上に述べたように、「くく（括）す」、「くく（括）し」などの語と関連のある語のように思えてならない。

## 7　クサノオウ

初夏の候ともなると、ハイキングの道すがら、低地の草原や人家の石垣の間などに咲き出たクサノオウ（ケシ科）の鮮やかな黄色の四花弁に目を引かれる機会がしばしばある。この植物は、全体が粉白色を帯び、キクの形に似た葉の表面は緑色だが、裏面は目立って白い。あまり高燥の地には育たないとみえて、比較的湿った陽地を好んで住家とする。

漢名の白屈菜は、全体が白っぽく、軟弱でしぼみ易いからの名ではないかと思う。山黄連の別名もある。

茎を折ると、オレンジ色の汁が出る。この汁は、ケリドニュームアルカロイドを含む有毒物質で、この物質には、知覚末梢神経を麻痺させ、鎮痛の作用がある。これを乾かしたものを「白屈菜」と称し、明治・大正のころ、胃がんの特効薬としてさかんに用いられた。ただし、特効薬といっても、こうした鎮痛作用により、一時的に患部の痛みを和らげるだけのもので、本来の治療効果があるわけではないという。

胃がんの薬「白屈菜」といえば、まず念頭に浮かぶのが泉鏡花の『白屈菜記』である。『金色夜叉』の作者として有名な尾崎紅葉が胃がんに冒され、入院したのが明治三六年（一九〇三）三月のこと。師の病気を案じた弟子たちが、白屈菜という植物が胃がんに利くという話を聞かされて、それぞれ手分けして、この草を探し廻った。このときの情景をこと細かく描いたのが、弟子の一人である鏡花の筆になる『白屈菜記』である。その流麗な行文は、師の病を気づかう弟子たちの真情を如実に描きながら、ときに巧まざるユーモアをも交え、読む人に深い感銘を与えずにはおかない。かなり長い文章だから、全文の引用は無理だが、冒頭のさわりの部分を次に紹介してみよう。

クサノオウ（H）

白屈菜採集に就いては、同人ほとんど総出にて、百方渉猟《しょうりょう》したりけれど、いずれも平生、垣根に琴の主を差覗《さしのぞ》く風流と、晦日《みそか》に落ちたるを拾う慾心を禁じたるを以て、道のべの草の風情を解せず、折からの萩桔梗こそ夜目に知れ、草の王の実の小《ささや》かなるを探り得で、いたずらに嫁菜《よめな》の花の紫を歎《かこ》ち、名さえ狐ざさに欺《あざむ》かるるを悔ゆるのみ。中には目白台、大塚のあたりにて、奇效《きこう》を奏したるものな

きにあらねど、近眼子の如きは、蛇除けの杖に叢《くさむら》を別けて三日の間、朝より夕にいたりて一茎を得ず。(下略)

こうして空しく過ぎた三日目の夕方、やっと板橋の付近まで足を延ばした弟子の一人小栗風葉が、手にして帰った茎葉も枯れ枯れな一〇本足らずが唯一の慰めだった。

ところが、日ならずして、このことが『二六新聞』の紙上に紹介されたので、たちまち反響があり、多くの読者から、あそこへ行けば見つかる、ここに生えていると、生育の場所を知らせる情報が寄せられ、なかには、これを小包にして新聞社宛送りつける篤志家もあった。ところが、こうした小包を開けてみると、中身の多くがタケニグサ(チャンバギク)だったという。そういえば、クサノオウとタケニグサは近縁であって、葉がキクに似て、茎を折ると黄褐色の汁が出る草とだけ聞いただけでは、うっかり間違いかねないかも知れない。

このような弟子たちの涙ぐましいばかりの心遣いも空しく、紅葉は、この年の一〇月三〇日、三七年の短い生涯を閉じたのである。

『白屈菜記』を書いた鏡花自身、この植物の薬効を必ずしも信じていなかったことは、「草のまま煎薬として効ありや毒ありやは、いまだ定かならずと聞く。くれぐれも素人手に、みだりに用いまいぞとよ」という言葉で同記を結んでいるのがその証拠である。

閑話休題、まずは本論のクサノオウの語源の検討に移ろう。

『牧野新植物図鑑』をみると、「草の黄という意味で、草が黄色の汁を出すからといわれている。また丹毒を治すから瘡《くさ》の王であるともいい、また草の王であろうという説もあり、確かな定説はない」とある。まさに牧野先生のいわれる如く、これといって、万人を納得させる定説のないことは確かである。

しかし、「草の黄」、「草の王」、「瘡の王」など、いずれも無理矢理に漢字を当てはめたとしか思われず、きわめて不自然な感じを否めない。

言うまでもなく、クサノオウは、タムシグサの名もあるように、昔はこの草の液汁を瘡、つまり皮膚にできる湿疹とか、疥癬、おできなどの塗布薬として用いたことは間違いない。だからクサノオウのクサを瘡《くさ》とみることには賛成である。そこで私は、この植物のことを、昔俗に「瘡治る《くさなお》」といい、この「くさなおる」が、「くさのうる」――「くさのおる」となり、さらに末尾の「る」が略され、「お」が長音化して「くさのおう」となったのではないかと思う。

直衣《なおし》が「のうし」に、直方《なおがた》が「のうがた」に転じたように、「なお」が「のう」になる例は少なくない。「瘡なおる」といえば、「胃ナオール」、「痔ナオール」といった薬が最近まで売られていたことを思い出す。近代における製薬業者の意図はともかく、こうした名づけ方は単純にして明快、昔の人にとっては至極自然な発想であり、通りがよかったのではなかろうか。

ちなみに、学名（属名）の Chelidonium は、ギリシャ語の Chelidon（ツバメの意）より、母ツバメがこの植物の黄褐色の汁で雛の眼を洗い、視力を強めるという云い伝えによって、アリストテレスが命名したといわれる。

# 8　クマツヅラ

昔の植物図鑑をみると、クマツヅラ科のことを馬鞭草科と書いてある。馬鞭草はクマツヅラの漢名である。『和名抄』に、「蘇敬注云穂ノ類ニ鞭鞘一、故名レ之（中略）久末都々良」とあるように、この植物の枝先につける細長い穂状花序を馬の鞭にたとえての名であろう。

先日八坂書房から、細見末雄著『古典の植物を探る』と題する本を贈られたが、この本の著者は、もと兵庫県の小学校の校長先生をやっておられた方で、古典に現れる植物をよく研究しておられるように見受けた。とくに古代にクマツヅラと呼ばれていた植物が今のそれとはまったく別の物であるとの説には同感である。

私も、かねて、イノコズチの語源に疑いを持ちつつ、『新撰字鏡』を繰り返して見ているうち、先般偶々「欇（中略）久万豆々良」とあるのを発見した。「欇」という漢字は見馴れない字であり、諸橋博士の『大漢和辞典』によると、木の名とのみあり、どのような木であるかははっきりしないが、木偏であるところをみて、少なくとも草本でないことだけは間違いのないように思われた。そこで、『日本国語大辞典』のクマツヅラの項を引いてみると、馬鞭草のクマツヅラの説明のほかに、『蜻蛉日記《かげろうにっき》』中の「みちのくの躑躅の岡のくまつづら」の文句が引用してあった。

いうまでもなく『蜻蛉日記』は、平安女流文学の先駆的作品で、有名な「道綱の母」と呼ばれる女性の筆になる日記文学である。彼女は二〇才頃、貴公子藤原兼家（道長の父）と結婚したが、生来多情な夫兼家は、妻の出産後早々に町小路女《まちのこじのおんな》という愛人を作り、作者を苦悩のどん底に落とし入れる。そのため彼女は、いち度は死をも考えたものの、遠い陸奥の任地にある父の歎きを想うとそのこともままならず、いたずらに涙にくれる心境を長歌に託し、不実な夫に切々と訴える。上掲の文句は、その長歌の次の一節の中に出てくる。

「つらき心は、みづの泡の消えば消えなむと思へども、悲しきことは　みちのくの　躑躅の岡のくまつづら　くる程をだに　待たでやは、宿世《すくせ》絶ゆべき　阿部隈《あぶくま》の　あひ見てだにと思ひつつ　歎く涙の……」

クマツヅラ（D）

これを現代語に訳すと、「水の泡のように、はかなくこの世から姿を消せるものなら消してしまいたいと思いますが、悲しいことには、陸奥にいます父の帰ってこられるのを待たずには、親子の縁を断ち切ることができましょうか。せめて父に一目逢ってからと思いつつ、歎く涙の……」となる。

上記の引用文中に「くまつづら　くる程をだに」とある「くる」は「繰る」と「来る」をかけたもので、「繰る」とあるからには、当時「くまつづら」といわれたものは蔓性植物であり、また「つづら」の字義から考えてもこのことは当然である。

白井光太郎博士の『樹木和名考』のクマヤナギの項をみると、クマヤナギにクマツヅラの別名のあることが書かれており、さらにその説明文中に、「豆州志に云、聖武天皇の御宇、尾張女左手にて三野狐を捕へ、右手にて熊葛《くまつづら》の鞭を取て打つに、其鞭肉につきたりと云」とある。

この三野狐《みのきつね》の話は、弘仁年間（八一〇～八二四）に成った『日本霊異記』（中の巻第四）に載った次のような説話に拠ったものである。

「聖武天皇の御代、美濃国の少川《おがわ》の市場に一人の力の強いこと百人力という女がおり、美濃の狐といわれ、力の強いのをよいことに、往き来の商人に危害を加えたり、物を奪うことで怖れられていた。ちょうどこれと同じ頃尾張国の片輪《かたわ》の里に、なりは小さいが、やはり力の強い女がいた。美濃の狐の力を試さんものと、ある時、蛤《はまぐり》を五〇石ほど船に積み、少川の市場に舟を止めおき、舟の中には、熊葛《くまつづら》で作った鞭二〇本を入れておいた。

案の定美濃の狐がやって来て、舟の中の蛤を全部取りあげ、これを売らせてしまったうえ、尾張の女に向かって〃いづくより来れる女ぞ〃と聞く。尾張の女は何遍聞かれても答えず、やっと四度目に〃来し方を知らず〃と応答する。美濃の狐は、無礼な奴とばかり、打ちかかって来るのを、尾張の女は、相手の両手をつかんで、熊葛の鞭を手に、一本また一本と美濃の狐を打擲、その度に肉が鞭にくっ付いてしまった。流石の美濃の狐も、あまりの力強さに、ついに降参、旧悪を詫びた。すると尾張の女は、〝今より已後《のち》は、此の市に在ることを得じ。若し強ひて住まば、終《つい》に打ち殺さむ〟といい、その後は美濃の狐の悪は止んだ。」

この説話は、『今昔物語』（巻二三）にも、ほぼ同様の文章で載っている。

これらの説話に出てくる熊葛の鞭なるものが、クマヤナギの蔓で作られたものであることは間違いない。昔は、竹の根の鞭のほか、クマヤナギで作った鞭が多く使われたことは、次に挙げる諸文献の記事によっても明らかである。

「馬のこしらへ様之事（中略）ぶち（鞭）はくま柳のとうまきのぶち也」（『布衣記』）

「鞭は竹の根、熊柳四季によりかはり有といへども、熊柳、竹の根の鞭、常住と心得べし」（『三議一統大雙紙』）

「鞭のこしらへやうの事二尺八寸なり、くま柳を用ゆべし、くま柳をば勝弦といふなり」（『古今要覧稿』）

「鞭に作る木熊柳也、一名磯柳とも云」（『貞丈雑記』）

またクマヤナギには、クロガネカズラ、カナヅルなどの異名のあるように、つるが丈夫であるため、越後などの雪国では、これで「かんじき」を作ったものだという。

クマヤナギの漢名を勾児茶というが、勾は誘惑するとかおびき寄せるという意味であり、子供がこの植物の黒熟した実を好んで食べるからの名ではなかろうか。

余談はさておき、古代においてクマツヅラと称されたものが、現代のクマヤナギであったことは、以上の説明で理解できたと思うが、しからば、馬鞭草になぜクマツヅラの名が当てられたのであろうか。

漢名の馬鞭草が、この植物の穂状花序を馬の鞭に見たてた名であることはすでに述べたが、一方馬の鞭の材料としてもっぱら使われたクマツヅラの名が、鞭の代名詞として用いられ、いつしかこれが馬鞭草の和名として通用するようになった。このように推定するのが妥当ではないかと思う。では、いつ頃からこうした名実の相互転換が行われるようになったかというと、上記の引用文献の成立年代から察するに、少なくとも平安時代初期には、クマツヅラといえば、クマヤナギのことを指していたのに対し、平安時代中期には、すでにこれが馬鞭草の和名に転用され、他方クマヤナギの方は、現代の標準和名通り、クマヤナギの名で呼ばれ、今に至っているものと考えるがどうであろうか。

ちなみに畔田翠山の『古名録』に、クマツヅラ（馬鞭草）の異名として「ウシギク」というのが載っている。おそらく、この植物の葉が、キクのそれに似て、全体的に粗野な感じがするところから起こった名前ではないかと想像される。

# 9　クモキリソウ

帰化植物研究家として著名な淺井康宏博士から、かつてラン科のクモキリソウの語源についてお問合わせがあった。そのとき私は、「あまり自信がありませんが、花の姿が蜘蛛を二つに切った形に似ているところから、名刀〝蜘蛛切丸〟の連想からついた名ではないでしょうか」とお答えした覚えがある。

その後いろいろ調べたり、考えたりするうち、私の「蜘蛛切り」説も、発想がいささか単純ではあるが、まんざら荒唐無稽とは言い切れないと思われてきたので、ここに私見を披露してみようと思う。

クモキリソウの名は、そもそもはイカリソウ（メギ科）の別名であった。その証拠に、『草花絵前集』にイカリソウの図を添えて、「くもきり草　色うすむらさき、白二種あり、三月にさく」とあり、『本草綱目啓蒙』にもイカリソウの別名としてこれを挙げ、さらに『物品識名』に、「イカリソウ　クモキリソウ（江戸）三枝九葉草」と記してある。これに対し、ラン科のクモキリソウは同じく『物品識名』に、「ガンゼキギボウシ」の別名を付してその名が現れるのが、私の知る限り最初である。

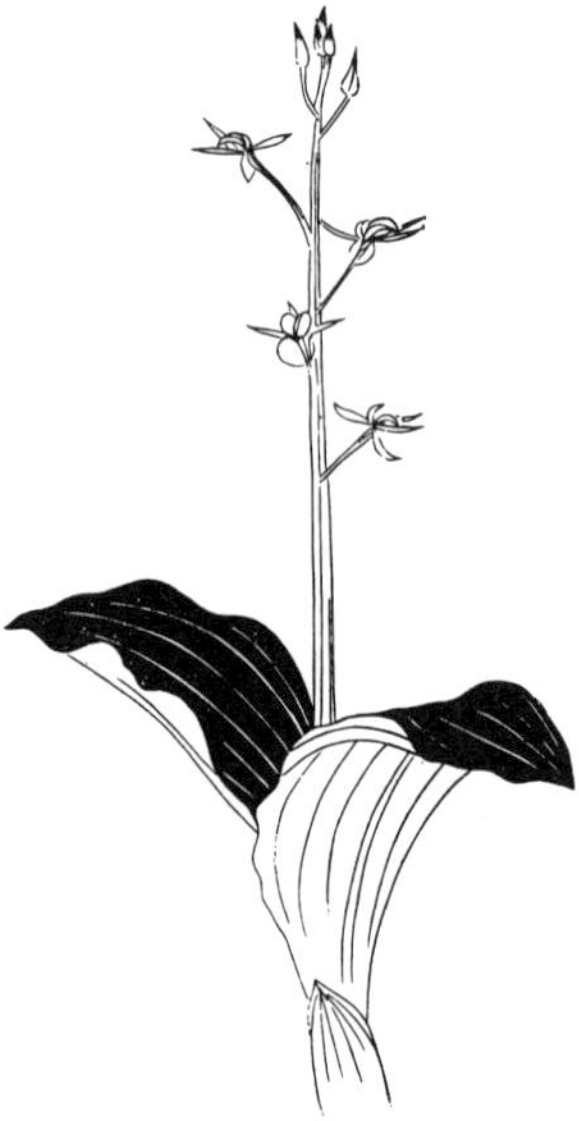

クモキリソウ（B）

ただし、『物品識名』にクモキリソウの異名として「ガンゼキギボウシ」とあるのは、同じ仲間のギボウシランと混同したものではないかと思う。（ギボウシランの学名 Liparis auriculata は、近年までクモキリソウの学名として誤用されてきたが、現在では、クモキリソウの学名として L. Kumokiri F. Maekawa が用いられている）

また『増訂草木図説』には、スズムシソウ、セイタカスズムシソウ、ジガバチソウとともに、クモキリソウを「フタバサウ（タカノハ）」の名で一括して挙げている。

さてクモキリソウの語源であるが、順序として、いままでに発表されている植物学者の説を紹介してみよう。

まず牧野博士は、『牧野日本植物図鑑』（一九四〇）の中で、「和名ハ雲切草並ニ雲散草ノ意カ、或ハ山上ニ在ルヲ謂フ乎、予未ダ之レガ解ヲ得ズ」と述べられ、一方前記のクモキリソウの学名 L. Kumokiri の命名者である前川文夫博士は、辻永画伯の『万花譜』の「くもきりそう」の解説の中で、「雲霧草とか雲切草とかの漢字を当てるが、〝じがばち〟、〝すずむし〟などの虫名があるところからみれば、緑の笹蜘蛛《ささぐも》にたとえて蜘蛛切草があるいは妙かも知れぬ」と記しており、また同博士の著書『原色日本のラン』には、次のように述べられている。

昼弁が強く反巻し、しかも中央部が強くへこむので、花の正面観は亜鈴形あるいは鼓形ともいえる面を見せ、それを中心として左右に開出して側花弁とがく片があり、上方には緑色で頭巾状の葯の後に背がく片が立つという姿勢になる。これがクモ、ことに植物の葉の上を走り回るワカバグモが脚を広げている様子に似るので、クモキリソウといったのではないかと思うがはっきりしない。類似種にジガバチ、スズムシと昆虫が登場するところからみてもうなずけるが、キリの意味がわからない。別名をクモチリともいうところからみると、あるいはクモの子を散らしたという、昔から親しいたとえがあるので、そのような言葉の綾があるのかも知れない。

このように両先生とも、あれこれ模索をしておられるものの、決定的な解答は出しておられず、ほかにこれといった語源説のあることを知らない。ちなみに、クモキリ（雲切）はウミツバメ（海燕）とかアマツバメ（雨燕）のことをもいうらしい（『日本国語大辞典』による）が、これとクモキリソウの名とは関係があるようには思われない。

ところで私は、昨年七月笠原基知治先生ほか数人の方々のお伴をして、北軽井沢を歩いた際、折から各所にクモキリソウが花開いているのを目にし、これを機会に、幸いじっくりとこの花の姿を観察することができた。そのとき、直感的に気付いたのは、この花の形が、前川博士の言われるように、確かに蜘蛛の姿に似ていることである。そのうえ、イカリソウの花とも共通点のあることも初めて気がついた。

こうしてみると、クモキリソウのクモが蜘蛛であることはほぼ間違いないとはいえ、それにしては足に当たる部分が四本しかない。本来の蜘蛛ならば足が八本のはず、足の数がちょうど半分である。蜘蛛の身体を半分に断ち切った形とみれば納得がゆく。

前川博士は、「クモはうなずけるが、キリの意味がわからない」と書いておられるが、クモキリの言葉から即座に連想されるのが、冒頭に述べた名刀〝蜘蛛切丸〟にまつわる伝説である。

すなわち、平安の昔源頼光が蜘蛛の妖怪を切り、その刀を〝蜘蛛切丸〟と名づけた話は有名で、『源平盛衰記』に載ったのをはじめ、謡曲『土蜘蛛』、黙阿弥の舞踊劇の脚本あるいは大蘇芳年の『頼光と土蜘蛛の図』などの題材とされるなどして、人々に広く知られている。

話の筋は、病床に伏す源頼光の枕元に法師に姿を変えた蜘蛛の妖怪が現れ、糸を投げかけ投げかけして頼光を苦しめるので、頼光は、枕元の〝膝丸《ひざまる》〟と称する名刀を抜き放ち、〝えいっ〟という掛け声もろとも妖怪に向かって斬りつける。頼光の声に驚き馳せつけた郎党どもが、血汐を垂らしながら走り逃げる妖怪を追跡、ついに古塚に潜む大蜘蛛を見つけ出し、これを退治するというものである。「これより膝丸をば蜘蛛切丸とぞ號しける」と『源平盛衰記』がこの話を結んでいるように、爾来この刀は源氏累代の名刀として伝えられたという。

話の本筋は大体上記の通りだが、なにしろわが国著名の英雄伝説の主人公源頼光の武勇伝だけに、「一刀両断、大蜘蛛を真っ二つ」というふうに脚色され、昔からこうした俗説が口から口へと伝えられたものである。八本足の蜘蛛を真っ二つに切ったとすれば、その片割れはまさにイカリソウやクモキリソウの花の形そっくりである。そこでクモキリソウという名の語源を、「花の形を、昔源頼光が名刀蜘蛛切丸で以て真っ二つに切った大蜘蛛の片割れに見たてたもの」と解してみてはどうであろうか。こう解すれば、イカリソウの異名クモキリソウも、ラン科のクモキリソウの名も、その由来が納得できそうな気がする。

いささかこの説、〝フォルクス・エティモロギー〟(語源俗解)的な感じがしないでもないが、由来植物名の語源には、俗説、伝説の類の係わりが少なくない。従ってこうした解釈も、あながち牽強付会とのみはいい切れないのではなかろうか。ご異見があればぜひ伺いたいものである。

# 10　グラジオラス—方言ナガラペッチョ

秋田を中心として、岩手・青森などの諸県でグラジオラスに対して、ナガラ、ナガラペッチョ、ナガラカンベソ、ナガラベソ、ナガラペットなどといった変わった方言が使われている。こうした方言の由来について、「ナガラという言葉は〝長ら〟の意で伸びること、花穂が長く伸びて突っ立っているさまを形容したもの」（中村浩著『園芸植物名の由来』）とか、「ナガラカンベソのナガラは、方言の竿《さお》をいい、カンは茎のカラの訛りで、ペソは臍《へそ》、さおのような茎に生じた臍のような花をつけた植物であることをいったものだろう」（『秋田県産植物地方名考』）などの諸説が公表されている。

グラジオラス（M）

　しかし、こうした苦心の跡も生々しい説明も、所詮は無理なこじつけで、世の誤解を招くおそれがあるので、この際この方言の由来をはっきりとしておきたい。

実は、このナガラ系統の方言は、元来が日本語ではなく、オランダ語によるものである。

白井光太郎博士の『日本園芸史』によれば、安政三年（一八五六）に書かれた『天保度後蛮舶来草本銘書』という本に、「ナーガルボーム　アメリカ菖蒲、極黄濃本交絞も見事」とある。ここにアメリカショウブというのがグラジオラスのことで、これにあてられた蘭語のナーゲルボームがナガラペット系統の方言の由来であると考えられる。

当時渡来したのは、別名をトウショウブと称する、グラジオラス・ガンダベンシスという、栽培種として最も一般的な古代型のものだったらしく、当時ナーゲルブルームの名でも呼ばれた。ただしオランダ語の Nagel boom《ナーゲルボーム》 はチョウジノキ、Nagel bloem《ナーゲルブルーム》 はストック（アラセイトウ）の意味で、グラジオラスの正しい蘭名は Zwaardlelie（剣の形をしたユリの意）である。何故グラジオラスの蘭名が誤用されたものか、また東北の一隅に限って、これから転訛した方言が使われているかについては残念ながらよくわからない。

ちなみに、松平菖翁の『百花培養集』に、「レイリナルシス（グランチオリュルスの一種）」の名が載っており、グラジオラスがレイリナルシスの名でも呼ばれていたことがわかる。

## 11　シャク

たしか横浜金沢区の現住地に居を構えた翌年の春だったと思う。逗子の二子山を歩いたときのことである。バス停から幾程も歩かない地点で、道端にヤブジラミに似た小さな花をつけたセリ科の植物が群生しているのを見つけた。ヤブジラミかななどと考えながら見ていたところ、案内役の桜井廉さんから、「シャクですよ」と教えられた。

私にとっては、初めての出合いである。

云われてみればオヤブジラミやヤブジラミにくらべて、華やかで、全体が柔らかい感じである。そのうちの一株を頂いて帰り、わが家の裏庭に続く自然林の縁の、落葉の堆積した一画に植えておいたところ、毎年ふえ続け、四月初めにはすでにいち面に花をつけ始める。五〜六本の総状花序柄から、さらに小散花序六〜七本を分かち、花弁は五枚。図鑑によると外側の二枚がとくに大きいとあるが、私の観察した限りでは、五枚の花弁のうち、先端の一枚がとくに大きく、あとの四枚は二対をなしており、上の一対はやや大きく、下の一対は小さく、一見「大」の字の形に似ている。ヤブジラミの仲間にくらべて、花の姿は美しく、花瓶に挿してもかなりの観賞価値がある。

茎葉の緑も浅く、手ざわりも柔らかく、若葉をひたし物にして食べてみたところ、歯ごたえがやや硬い感じ。『山菜全科』（清水大典著）に、「天ぷらがよく合う」とあるので、試みたらば、結構おいしかった。

飯沼慾斎の『増訂草木図説』をみると、「根亦野胡羅蔔（ナガジラミ）（注―ヤブジラミのこと）ノ根ノ如ク、太サ手指許、吾邦（注―美濃）根尾ノ山人、ソノ新苗ノ根ヲトリ、水ニ浸スコト数日、後乾末シ、他ノ粉末（七葉樹子ノ類）ヲ和シ、糕餅トナシ食フ」とあり、昔は、シャクの根を乾かして粉にし、これを食用に供したものらしい。

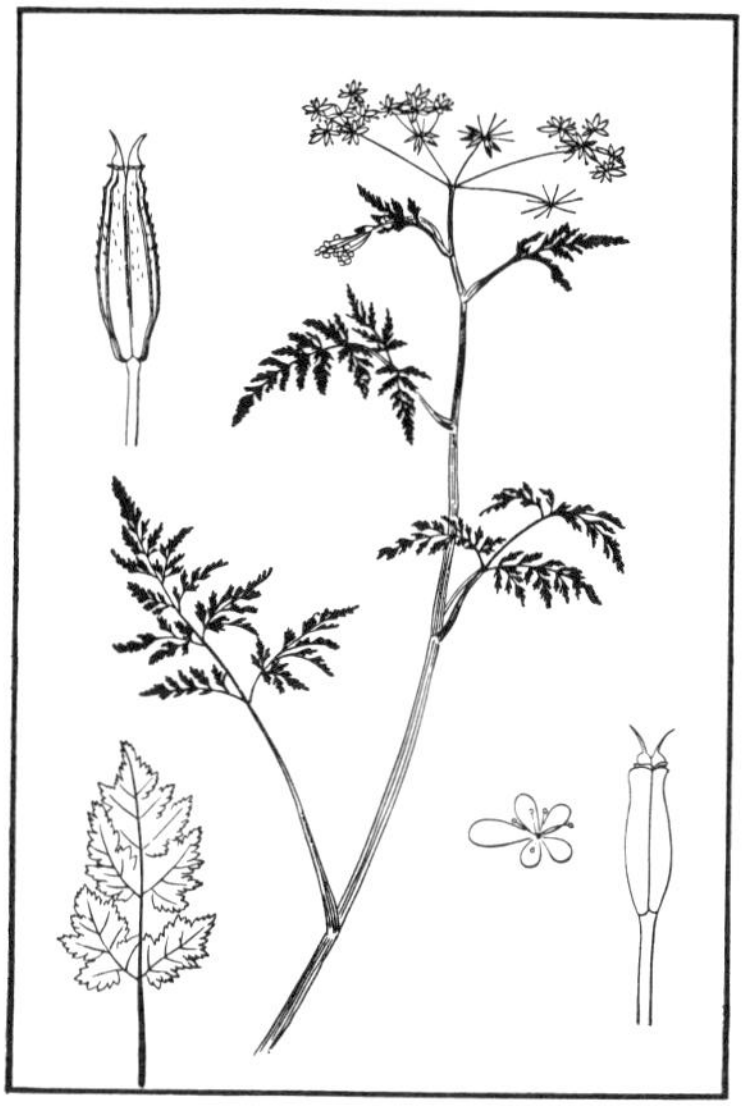
シャク（D）

シャクの学名は、Anthriscus sylvestris, A. nemorosa, A. aemula など、図鑑によって異なるが、これらのうち nemorosa は、北村四郎編『原色日本植物図鑑（草本篇）』では、コーカシア、小アジア、イランなどに分布する花序の数の少ない種類の亜種名とされている。

さて、シャクという和名の語源であるが、『牧野新日本植物図鑑』をみると、コシャクの和名で載っており、「小シャクは小形のシャクの意味、シャクの意味は不明であるが、本来サクとも呼んでシシウドを指す。それで従来この植物をシャクと呼んでいたのをコシャクと改めた」と説明されている。また『牧野植物学全集』第二巻に相当する『植物随筆集』中の「しゃくヲ食フ」と題する小文には、次のように記されている。

しゃくノ名ハ、中部並ニ北日本諸州デハ又さくトモ呼ンデししうどヲ指シテ居リ、処ニヨッテハ之レニ対シテ吾人ノ称スル前記ノしゃくヲバ、こじゃくト唱ヘル。此さくトカしゃくト云フ称呼ハ余程昔カラノ名デアラウト思フ。

このように、牧野博士は、コシャクをこの植物の和名とされたが、昔から、土地によっては、「こじゃく」と称していた処もあったようである。

ただし、「しゃく」もしくは「さく」を、牧野博士はシシウドの方言とされているが、これはハナウド（厳密にはオオハナウド）の方言とするのが正しいと思う。

その論拠は次の通りである。

(1)　幕末の蝦夷探検家として知られた松浦武四郎（一八一八〜八八）の『石狩日記』中の、安政四年（一八五七）五月一〇日、ベッパラという地に宿をとった際の記事に、「夜我にシャク（白芷）と云へる草の干したるに桃花魚を入れ、熊の油もて煮る」とあり、文中のシャクの語に付記された白芷はハナウドの漢名である。

（筆者注―上記の桃花魚は、アイヌ語でシュプン―spun―と称するウグイの仲間の魚で、生殖期

に体の側面に桃色の筋を生ずるのでこの名がある）

(2) 同上『近世蝦夷人物誌』に、生活に困窮した老婆が、ただ一人鍋一枚と鉞一挺を携え、山に入り、野草を採って糧として暮らすところを述べたくだりに、「象貝母《ウバユリ》といへるものや、また延胡索《トマ》といへるもの等を掘り、また、ニラ、シャク等云へるものの茎等を取りて生命を繫ぐ」とあり、更科源蔵・光著『コタン生物記（樹木・雑草篇）』によれば、アイヌは、ハナウド（オオハナウド）の茎の皮をとって、生のままこれを食べたものだという。

(3) 同上『天塩日記』に、「夷地ニ阿麻爾于《アマニウ》ノ名ノ草アリ。白芷《ヨロイグサ》、土当帰《ノダケ》ノ類ニ似タリ。又一種草アリ。是ニ似テ而シテ葉ヤヤ細ク、大麻ノ葉ノ如シ、侈耶区ノ名アリ。二草土人皆蔬食トナス。」とあり、「侈耶区」と書いて、これを「シャク」と読ませている。葉が大麻に似ているといえば、まさにオオハナウドに相違ない。

(4) 知里眞志保著『分類アイヌ語辞典（植物篇）』中のハナウドのアイヌ語の注として、金田一京助著『採訪随筆』に「花ウドの方言サク」とある旨を記している。また日本植物友の会編『日本植物方言集（草本類篇）』に、ハナウドの方言として、サク（秋田平鹿）、サーグ（岩手二戸）などが挙げられている。

以上によって、北海道および東北地方の一部において、「シャク」もしくは「サク」の名で呼ばれる植物がハナウド（オオハナウド）であることがはっきり理解できると思う。

それでは次に、何故ハナウド（オオハナウド）の方言「しゃく」が、現在シャクの標準和名を有する植物の名となったかの点を考えてみよう。

上記の『分類アイヌ語辞典（植物篇）』をみると、シャクをコジャクの名前で取り上げ、これに対するアイヌ語名 i-chari-kina（北海道各地）、icharipo（天塩）、icharapo（樺太）などを挙げたのち、参考として、「花の咲かないうちに、真中の茎（四五センチくらい）をとって、皮をむいて生で食べ、また焼いて油をつけて食べ、また茎を漬物とする」と付記している。このような、茎の皮をむいてそのまま生食するとか、焼いて油をつけるといった食べ方は、ハナウド（オオハナウド）の場合そっくりであるが、姿・形が小さく、やさしいところから、これを「こじゃく」と呼び、のちに「こ」が略されて、単に「しゃく」と称するようになった。私はこんなふうに推測するが、どんなものであろうか。

なおこの植物には、ヤマニンジン、オカニンジンなどの方言があるが、これらはいずれも、シャクの葉がニンジン（セリ科）のそれによく似ているから生じた名であろう。

またシャク属の植物として、日本に産する基本種は一種であるが、変種にオニシャク（forma hirtifructus Kitag.）と称するものがある。果実に上向きの短刺毛を生じ、個体数は基本種より少ない。

# 12　セキヤノアキチョウジ

秋の山歩きに、そこはかとなき風情を添える植物にセキヤノアキチョウジがある。

セキヤノアキチョウジは、アキチョウジ（シソ科）に対し、その変種の名前である。アキチョウジに似ているが、花序の幅が広く、アキチョウジの花序に苞状の葉が目立つのに対して、こちらは花序に葉がなく、花柄は無毛、がくの上唇の裂片が鋭く尖るなどの相違点がある。

アキチョウジが、本州の長野県以西、九州にかけて分布するのに対し、セキヤノアキチョウジの方は、関東、中部地方に生育し、開花期もやや遅れ気味である点なども異なる。

アキチョウジを漢字で書けば秋丁字で、丁字形の花が秋に咲くのでこの名のあることはいうまでもないが、それではセキヤノアキチョウジの名はどういう訳で起こったものだろうか。

たまたまある機会に草友菱山忠三郎さんからその語源について訊ねられたので、早速調べてみたら、案外簡単にそれがわかった。

まず、『牧野植物学全集』第五巻『植物分類研究』の二七三頁に次のような記事が見つかった。

セキヤノアキチョウジ（J）

「Plectranthus longitubus Mig. var. effusus Maxim.（和名）せきやのあきちょうじ（新称）相州箱根ニ産ス、箱根ハ所謂函関ノ地ナリ。枝條拡散シテ花ヲ著ケ殊ニ美ナリ。先ニ土佐所産ノ標品ヲ以テ之レヲかげちゃうじト呼ビシコトアリ。是其適品ニ非ザル故ニ此ヲ正誤ス。」（明治三一年一月二〇日発行『植物学雑誌』Vol. 12, No. 131所載）

では、この記事の中に、「先ニ土佐所産ノ標品ヲ以テ云々」とあるのはいつのことかという点を調べてみると、同書の二二八頁に、「P. longitubus Mig. var. effusus Maxim. かげちゃうじ（新称）土佐横倉山」（明治二三年五月一〇日発行『植物学雑誌』Vol. 4, No. 39所載）とあるのを見つけた。

以上の二つの記事と総合すると、牧野博士が明治二三年（一八九〇）に、高知県の横倉山で見つけられた植物が、マキシモウィッチの命名した上記の学名を有するものに当たると信じて「カゲチャウジ」という和名をこれに与えたが、その後これが誤りであることを知り、あらためてこれを「セキヤノアキチョウジ」と命名したということである。

セキヤノアキチョウジの「セキヤ」というのは、関屋のことで、本来は関所の番人の住む家の意味であるが、関所の建物そのものをいう場合もある。この場合は、たまたまこの植物が箱根で採取されたので、箱根に縁のある関屋の語をこれに冠したものであることはいうまでもなかろう。

なお上に引用した明治三一年発表の牧野博士の新称に関する記事は、実際には、その前年、すなわち明治三〇年（一八九七）一〇月一一日に書かれたものであることもわかった。

ところで、上記の牧野博士の二つの発表記事に、いずれも「カゲチャウジ」の和名が挙げられており、その意味がどうもわからない。そこでいろいろな文献に当たってみた末、松村任三博士編著の『改正増補植物名彙』（明治一六年に出版された『植物名彙』を明治二八年改正増補したもの）には、上記の学名に当たる植物の和名を「ヒカゲチャウジ」としていることがわかった。

この『改正増補植物名彙』の編集には、その序文によると、当時理科大学（東大理学部の前身）の助手をしておられた牧野博士が直接関与しておられたことが明らかである。こうした事情からみて、前記の「カゲチャウジ」なる和名は、「ヒカゲチャウジ」の誤記もしくは誤植と判断せざるをえない。

この点はそれでよいとして、いま一つの疑問が残る。というのは、明治四五年（一九一二）に刊行された、同じく松村任三博士の編集になる『帝国植物名鑑』（顕花部）』後編の中に、アキチャウジの変種（var. effusus Maxim.）として「ヒカゲチャウジ」及び「セキヤノヒキオコシ」の名を挙げ、箱根産の標本による旨が記載されているからである。この『帝国植物名鑑（顕花部）』なる本は、前後編二巻から成り、前編は、明治三八年（一九〇五）に刊行され、別に隠花部（前後編二巻）を含め、邦産の全植物につき、学名と和名を対照、タイプ、産地などをも記述したものである。

おそらくこの本に記された「セキヤノヒキオコシ」という名は、松村博士が、牧野博士が用いられたと同じ箱根産の標本に対して与えられたものと思われる。同じ標本により、しかも同じ「セキヤ」の語を冠しながら、片や「セキヤノアキチョウジ」、片や「セキヤノヒキオコシ」とそれぞれ命名、両者別個にこれを発表されているのは何故か？　理解に苦しむ疑問点である。

ちなみに、この属の学名 Plectranthus の語源は、ギリシャ語 Plekton（牡鶏のケヅメの意）と anthos（花）とで合成されたもので、花冠の筒部の基の部分が突出しているためだという。ただし現在では、この属の学名には Isodon が用いられている。

その後、菱山さんより、最近刊行された学研版『学習科学図鑑（野外植物）』に、「セキヤノアキチョウジは関屋（東京都足立区南部）の意味という」と書いてある旨を知らせていただいたが、この説明が誤りであることはいうまでもない。

# 13　ソクシンラン

今からおよそ二〇余年も前のある春の日のことである。清澄山の植物を訪ねるべく、外房線の天津駅から、演習林の中の道を辿るうち、ふと路上に『学生版牧野植物図鑑』の落ちているのを見つけた。拾ってよく見ると、裏扉に茂原長生高校生物部と書いてあった。落として間もない様子、途中で一行に遭えるかと期待しながら持ち歩いたが、ついに遭うことができずにしまった。

図鑑は植物観察には欠かせぬもの。帰宅後早速落し主である長生高校生物部宛に郵便小包で送り届けた。

すると、折り返し、同校の生物部長さんの名前でお礼状をいただき、丁重な感謝の辞とともに、茂原の植物をはじめ、同校がとくに土地の地主の協力をえて設けた食虫植物の保護育成地域を案内するから、ぜひとも同地へ来るようにとのお誘いの言葉があった。

折角のご好意を有難く受けることにしたものの、一人では照れ臭いので、草友の高田武雄さんを誘って、二人して五月の休みの日に茂原を訪れた。茂原の駅を降りて先ず驚いたのは、駅前に整列した二〇名近い生物部員の歓迎ぶり。ひたすら恐縮しながら、これら生徒さんの案内

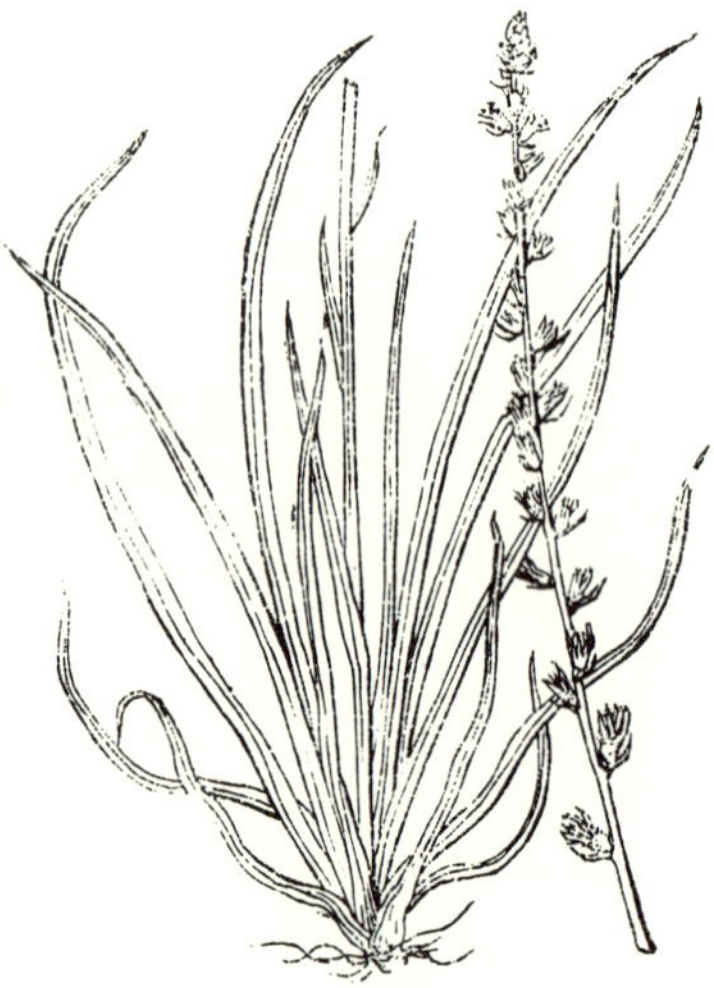

ソクシンラン（G）

で、同校特設の食虫植物保護育成地域に立ち入りを許され、イシモチソウ、モウセンゴケ、コモウセンゴケ、ミミカキグサ、ホザキミミカキグサ、ムラサキミミカキグサなどの食虫植物が大切に保護されているさまを見せていただいた。次いで付近の湿地帯を歩き廻り、いろいろな植物を観察でき、そのとき初めて出会ったのがソクシンランなるユリ科の植物である。ちょうど花時にめぐり合わせたお蔭で、たくさんの細い根生葉の真中から四〇センチほどまっすぐにぬきんでた花茎に、ネバリノギランに似た花を総状につけた姿を珍しいものに眺めたことをはっきり覚えている。

この日一日長生高校生物部の生徒さんから受けた真心のこもった歓待は、私にとって、今でも忘れられない嬉しい思い出であるが、この事は一応さて措き、ここで問題とするのは、この日初めて目にしたソクシンランの語源である。

『牧野新日本植物図鑑』をみると、ソクシンランの語源を「束心蘭の意味で、葉の中心から花茎を出すによる」と説明しており、この説明の文句は、そのままいろいろな植物図鑑や国語辞典にも引用され、一般に通用しているが、この説明には検討を要する点がある。というのは、牧野博士が、『植物学雑誌』第二三巻、二六七号に、「そくしんらんハ束針蘭ナリ」と題して、次のような記事を掲載しておられるからである。

『植物学雑誌』第二百六十五号ニ於テ予そくしんらんハ束心蘭ノ意ニアラザルナキ乎ト記シ、且其本意義ノ字ヲ世ニ問ヒタリ。畏友白井神風山人君頃日一書ヲ予ニ送テ曰ク、〝そくしんらんハ束針蘭（尾州方言）ト柚木常盤著『雑草譜』上巻ニ見ユ〟ト、予此ニ於テ始メテそくしんらんノ漢字ヲ知ルヲ得テ喜ニ堪ヘズ、同君ノ、厚意ヲ謝シ、併セテ之ヲ同好ノ士ニ報ジ、以テ従来使用セル即心蘭ヲ訂正スル料トス

（筆者注―「雑草譜」の著者柚木常盤は一九世紀初期の人で、近江の眼科医の家に生まれ、小野蘭山について本草学を修め、『江州冬虫夏草写生』などの著書がある）

では、この引用文の冒頭にある『植物学雑誌』二六五号の記事は、どのような内容のものかというと、これは、「即心蘭ハ束心蘭ニ非ザル歟非歟」と題する、次のような一文である。

Aletris spicata, Franch.（= A. japonica Lamb.）ノ和名そくしんらん＝漢字（漢名ニアラズ）ヲ充テテ、普通ニ即心蘭ト記セリ。予ハ思フ、此即心ハ或ハ束心ニアラザルナキカト。即チ此植物ハ其葉一根ヨリ生シテ、恰モ束ヌルガ如キヨリシテ束心ノ意味ニテそくしんらんト呼ブニアラザル歟ト思フ。然レドモ是レタダ予ガ一場、臆想ナレバ固ヨリ（言憑スベキニアラズ。予ハ正確ナル考説ヲ聴カンコトヲ冀フ

こうしてみると、おそらく牧野博士は、昭和一五年（一九四〇）に『牧野日本植物図鑑』を執筆されるに当たり、三〇余年前「束針蘭」説に同意され、その旨公表されたことをつい忘れてしまわれ、先生自らが「一場の臆想」、つまりちょっとした思いつきであり「信憑すべきでない」とまでいわれた「束心蘭」説をうっかり書き加えられたものと察せられる。

なんとなれば、「束針蘭」という語が、尾張の方言として江戸時代に使われていたことを証する立派な典拠があるうえに、この語が線状の葉を叢生するこの植物の形態をきわめて適切に表現しており、牧野先生も、かつてこれに賛意を表され、「始めてその漢字を知るを得て喜びに堪えず」とまで云っておられるからである。

ちなみに、ソクシンランの中国名は粉條児菜である。

（付記―本文に引用した牧野博士の『植物学雑誌』掲載の記事は、『牧野植物学全集』第六巻「植物分類研究（下）」にそのまま再録されている。なおまた故前川文夫博士もその著『植物の名前の話』の中で、やはりこの束針蘭の語源について、「本種の葉振がやや浮いて顕著に並んでいるのに基づくのであろう」と述べられ、その根拠として、束針を、「芒《のぎ》目《め》」、すなわち陶器や鉱物などの肌にある芒のような文様の意に解しておられるが、この説も大いに傾聴に値するものであると信ずる。）

# 14　チシャ

チシャは、レタス（lettuce）の名で親しまれ、われわれの日常生活上なくてはならない食用野菜の一つである。

チシャは、古くギリシャ人やローマ人によって栽培されており、ギリシャでは、歴史家ヘロドトスが、西暦前五五〇年頃すでに、ペルシャ王の食卓にこれが飾られたことを記し、医師ヒポクラテスは、前四三〇年にその薬効について述べ、同三二〇年には、哲学者テオフラトスがその品種分類を行い、三変種の名を挙げている。

一方ローマでは、有名な博物学者プリニー（Plinius）が一世紀のころチシャの品種を区別し、白色種と矮性種のあることを指摘している。

とくにギリシャ・ローマ時代には、この植物を食用に供しただけでなく、その成分に、鎮痛、麻酔などの作用があることが知られ、大いに珍重されたものだという。前一世紀のころ、ローマのアウグスツヌス帝が、これにより肝臓病を治したという話も伝えられている。

このように、西暦数世紀前にギリシャやローマなどでさかんにチシャが用いられていたことは、歴史的資料によって明らかにされているが、それ以前すでにペルシャ地方において栽培が行われていたものとも推定されている。

チシャの原産地がどこかということは、はっきりとはわからないが、その原品種は、地中海沿岸からアジア西部にかけて分布するトゲヂシャ（Prickly lettuce, Stachellattich）と称する L. scariola

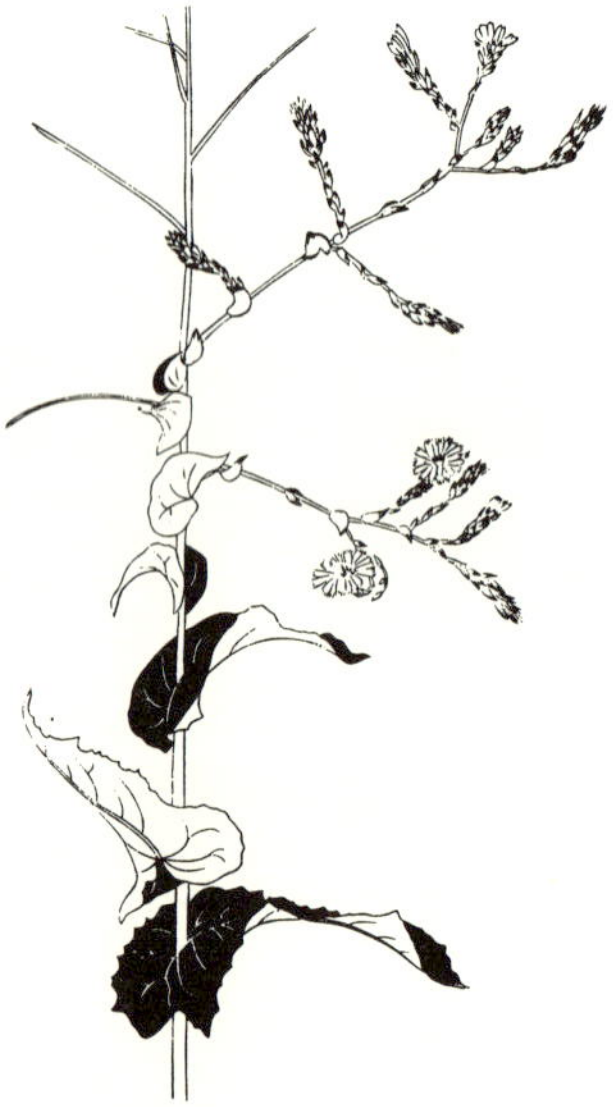

チシャ（D）

であると一般に信じられている。

このように、古代中東から南ヨーロッパにかけて、きわめて重要な栽培植物とされたものが、東西文明の掛け橋ともいうべきシルクロードを経由して、中国に渡らぬはずはない。果たせるかな、ラウファーの『Sino-Iranica』によれば、漢時代すでにこれが中国に渡来した旨の記録があるという。すなわち一〇世紀五代宋初の学者陶穀の著した『清異録』に、「咼《くわ》国使者漢ニ来ル、隋人此ノ種ヲ求メ得、之ニ酬ユルコト甚ダ厚シ。故ニ千金菜ト名ヅク。今ノ萵苣ナリ。」とあり、当時多額の金を投じてこの種子を贖《あがな》ったものらしい。

このほか『本草綱目』にも、一一世紀初めのころの宋の彭乗という人の『墨客揮犀』に「萵菜ハ咼国ヨリ渡来シタタメ、名ヅケタ」とあるのを引用している。これらの記録にある咼国が果たしてどこの国を指すのか、確かなことはわからないが、ペルシャ（今のイラン）もしくはその近辺の中近東の地に昔所在した国の名前であることは想像に難くない。咼国から渡来したので、「萵苣《わきよ》（萵はワであり、クワではない）」、「萵菜《わさい》」というチシャの漢名が起こったのであろう。

さて次は、わが国へのチシャの渡来であるが、『和名抄』に「苣　和名知散」『類聚名義抄』に「苣　チシャ、萵　チサ」、『下学集』に「萵　チシャ」、『和爾雅』に「萵苣　萵菜　同、又名二千金菜一」とあり、これから推して、平安時代以前すでにチシャは日本に渡来しており、これに苣、萵、萵苣もしくは萵菜の漢字を当てていたことが明らかである。また当初は、国訓でこれをチサと呼んでいたのが、時代を経るにつれてチシャと呼ばれるようになったものらしい。また『本草和名』に「白苣　和名知佐」とあるのは、馬琬撰『食経』に「白苣」とあるのに拠ったものである。

さらにまた、『延喜式』をみると、公の祭事や仏事に、供養料として萵苣を給した記事がみえ、そのうえ栽培の細かい基準が示されているところをみると、このころ相当広くチシャの栽培が行われていたものと推定される。

ところで、いよいよ本題のチシャの語源である。

新井白石は、『東雅』に「基ノ義詳ナラズ」と記し、軽々な判断を避けているが、同時代に成った『滑稽雑談』をみると、「和訓義解云、其根余菜より長さちいさし、略してちさと称す」

と書かれている。長さが小さいので「ちさ」と云ったなどとは、無論問題にならぬ俗解というべきであろう。

これに対して、『大言海』には、「ちハ、茎葉ヲ断ツ時、乳汁ノ如キモノ出ヅルヨリ云フ」とあり、これにより、乳草《チクサ》がつまってチサになったという説が現在一般に通用している。チシャの茎葉を切ると、切口から乳状の液が出ることは確かであり、学名のLactucaも、ラテン語の乳汁を意味するlacによるといわれているのと同様に、チクサ（乳草）説は、それなりに一応理屈にかなっている。

しかしながら、このチクサ説には、なんとなくこじつけめいた不自然さがつきまとっていることは否定できない。ところで、私は最近この説とは別の語源説を思いついたので、次にこれを紹介してみよう。

栽培植物の原産地や伝播の経路などについて書かれた『栽培植物の起源』（ドゥ・カンドル著、加茂儀一訳）という本がある。これにチシャのことをアラビア語でチュス（Chuss）または（Chass）と称したと述べている。このチュスもしくはチャスが日本語に転ずる可能性はないだろうか。

よく知られているように、推理作家であり、同時にすぐれた古代史研究家でもある松本清張は、わが国の飛鳥時代の石造遺物（酒船石、益田岩船、猿石など）が古代イラン（ペルシャ）の宗教ゾロアスター教と関連のあるという仮説を立て、各種の資料を集めにイランを訪れるなどした結果、かなりの程度までこれが立証に成功し、当時日本とペルシャとの間に想像以上の密接な文化交流のあったことを明らかにしている。

こうした飛鳥時代に始まるペルシャからの直接、間接の文物の渡来は、奈良時代に至るまで続いていたことは、正倉院の御物をみても理解できるところであり、また現に天平八年（七三六）には遣唐使の副使が、唐人三人と共にペルシャ（波斯）人の医師を伴って帰国したことが歴史家によって確かめられ、その名前までが特定されている（一九七七年五月七日「朝日新聞」記事）。

松本説によれば、奈良時代大麻を原料とする麻薬の類の製法が直接ペルシャあたりから日本に渡来した形跡があるというから、そのころすぐれた薬効ありとされたチシャもわが国に伝えられていたかも知れない。こうした事実がもしありとすれば、六五一年ササン朝の滅亡以来、アラビア語が急速にペルシャ語に浸透しつつあった状況から推して、当時来日したペルシャ人によってchussまたはchassといった、チシャの語源となったと考えられるアラビア語が日本に持ち込まれた可能性は必ずしもなしとしない。

私は、最近松本清張の『火の路』や『ペルセポリスから飛鳥へ』などの著作を読んでみて、これまで隋、唐、三韓との文化交流しか想像していなかった古代日本において、以外にも、シルクロードを通じて、中近東から遠くはローマにもおよぶ文化招来の道がきわめて早くから開けていたことを知り、驚きは大きかった。そんな経緯から、ともすれば日本語やアイヌ語、外国語といえばせいぜい中国語、韓国語といった狭い分野に局限されがちな植物語源探索の範囲を大きく拡げるとともに、想像の翼を思い切り羽ばたかせて、こんな語源説を展開してみた次第である。

# 15　チングルマ

今から、十数年前のある冬の日、樹木の研究で有名な林弥栄、それに鈴木敏夫（元高等裁判所判事）、横田正平（元朝日新聞記者、『多摩の植物散歩』をはじめ、ベストセラー『玉砕しなかった兵士の手記』の著者）三君と私の四人で、深大寺で会合を催したことがあった。四人は、いずれも愛知県立豊橋中学（今の時習館高校）を昭和五年（一九三〇）に卒業した同級生である。途中人気のない神代植物公園を、林弥栄林学博士の樹林についての講釈に耳を傾けながら、深大寺へと通り抜け、とあるそば屋に上がりこみ、名代のそばを肴に、熱燗の酒をくみ交しながら、四方山の話にふけった。

その後いくばくもなく鈴木、横田、林君が相次いで不帰の客となり、今から考えると、実に思い出深い一日だった。

この時集まった連中の一人鈴木敏夫君は、中学時代には文学少年といわれたほど文学の才能に恵まれた秀才で、それに無類の読書家だった。そば屋の座敷での四方山話には、それからそれへと、話題が尽きなかったが、なにかの拍子に突然この鈴木君が、私に向かって、「君はチングルマの語源を知っているか?」というので、「稚児車がなまったものといわれているが」

チングルマ（K）

と、私はかねて牧野図鑑で読んだ記憶を頼りに、自信なげに答えたところ、「君は稚児車なんていう日本語があると思うのか、そんな日本語にない言葉が語源になるはずがない！」とばかりに、ようやく熱燗の酒の廻りかけたこの元高裁裁判官は、やおら勢い込んで、言下に私の意見陳述を一蹴して仕舞った。

続いて、「君は柳田国男の『野草雑記』を読んだことがあるのか？」と訊ねるので、座右に置いて何度も読んだ旨答えると、彼曰く、「それなら、あの本の中に、オキナグサの方言でチゴノマヒというのがあり、これをなまってチグルマイというとあるのを知っているだろう。チングルマは、このチグルマイがなまったものだよ。」

私は、これを聞いた途端、彼の意表をついた推論に一驚を喫したものの、正直いって、まだこの時点では、彼の説の信ぴょう性について半信半疑だった。しかし、家に帰ってから、いろいろな資料を調べた結果、従来の「稚児車」説は単なる思いつきに過ぎず、「チグルマイ」説の方が遙かに理にかなっていることを思い知らされ、あらためて鈴木君の見解に対し脱帽したものである。

以下、チングルマの語源に関する在来説と鈴木説との相違について、いま少し詳しく、わかりやすいように説明してみよう。

まず順序として、『牧野新日本植物図鑑』のチングルマの語源の説明をみると、「チゴグルマ（稚児車）から転化したもので、ちごは小さく可憐であるためで、くるまは五花弁で輪形に排列しているからである。一説にオキナグサに似た果実が放射状に出ている有様を車にたとえ、子供の風車に見たてたものともいう。」とある。

一方図鑑の原版に当たる一九四〇年（昭和一五）発行の『牧野日本植物図鑑』をみると、「和名ハちごぐるま（稚児車）、転化セシモノ、稚児、其花容、小ニシテ可憐ナルヲ云ヒ、車ハ其花弁、輪出シテ車状ヲ呈スルニ基ヅク」とあるだけで、「一説に云々」の部分に当たる説明はない。それもそのはず、この部分は、一九七一年（昭和四六）、原版の説明をやさしい現代文に書き改めて『牧野新日本植物図鑑』として刊行した際、加筆補正の任に当たられた先生方の手によって書き加えられたもので、察するに、前川文夫博士の筆になったものであろう。何故ならば前川博士の著書『植物の名前の話』のチングルマの項に、「この実は、白い毛がはえていて、少しの風にもビリビリゆれて美しい。この姿を子供のおもちゃの風車の廻っている姿に見立てて、稚児車（チゴグルマ）の名がついた。それがなまってチングルマとなった」とあるから、その推定には間違いなかろう。いずれにせよ、牧野、前川両博士とも、チングルマを

「稚児車」の転化したものと解しておられる点では一致している。

ところが、『日本植物方言集（草本類篇）』をみると、オキナグサの方言として、チゴバナの名が全国的に広く普及しており、とくに越中（富山）では、「チゴノマイ」および、これから転じた「チグルマイ」の方言があることがわかる。「チゴノマイ」は無論「稚児の舞」であって、子供が首《こうべ》を振り立てながら舞を舞うとき、髪の毛が渦を巻くように揺れ動く。その様子を、オキナグサのそう果をつけた長い花柱が風にそよぐ姿にたとえたもので、『本草綱目啓蒙』や『俚言集覧』にもやはりこの言葉が載っている。

「チグルマイ」は「チゴノマイ」の転じた語で、チングルマの実をつけた花柱も、オキナグサのそれとそっくりの姿をしているところから、オキナグサの方言である「チグルマイ」がそのままこの植物の名となり、なまって「チングルマ」となった。こういうふうに説明してくると、大方の人に納得がいくのではなかろうか。

いうまでもなく、チングルマは、北海道から本州の中北部にかけて、たいていの高山でごく普通に見られる植物だけに、その名は広く一般に知られている。従っていろいろな植物書や図鑑にその名の由来が記載されているが、そのほとんどが、牧野、前川両先生いずれかの「稚児車」説の引用である点、少なからず気にかかる。だから、これら両説とは趣を異にし、しかも信ぴょう性の点では遥かに高い「チグルマイ」説をここに紹介した次第である。

（付記―本稿執筆後、民俗と歴史に関する雑誌『民間伝承』（一九六二年三月号 No. 276）に掲載された武田久吉博士の「植物釈名四十六條」に、「チングルマの痩果の花柱が伸びて、頭髪状を呈すること、オキナグサの集合痩果を思わせ、そしてオキナグサにチゴノマイの俗称のあることに考え合わせるのが合理的のように思われる。」とあるのを見つけた。）

# 16　ツルボ

江戸中期の儒者であり、医師でもあった橘南谿《なんけい》（一七五三～一八〇五）は、また旅行家としても知られている。伏見、次いで京都において医を開業、さらに医術の奥義を究めようと、天明二年（一七八二）三〇才の夏から山陽・九州・四国を遊歴、同四年には信濃、翌五年秋には北陸へ旅して降雪期を北地で過ごし、天明の大飢饉のあとも生々しい津軽を経て、奥州を下り、同六年夏東海道を経由して帰京した。これらの旅行中の見聞を記録した旅行記は、『東遊記・西遊記』（『東西遊記』）の名のもとに、当時の農山村における庶民生活の実態を知るうえにおいて、きわめて貴重な資料として有名である。

天明二年秋、四国・九州を旅行中、たまたま天明の大飢饉に遭い、身を以て体験した言語に絶する惨状をありのままに記した「饑饉」と題する一篇が、『西遊記』の続篇巻の三に載っており、その中に次のような記事がある。

近年打つづき五穀凶作なりし上、天明二年寅の秋は、四国九州の辺境饑饉にて、人民の難渋いふばかりなし。（中略）村々在々には、かずねといひて、葛の根を山に入りて掘り食ひしが、是も暫《しばら》くの間に皆ほりつくし、金槌《かなづち》というもの（注―イケマであるという）をほりて食せり。是もすくなくなりぬれば、すみらといふものをほりて根を食せり。（中略）すみらといふものは水仙に似たる草なり。其根を多く取あつめ、鍋に入れ、三日三夜ほど水を替へ、煮て食す。久しく煮ざれば、えぐみありて食しがたく、三日ほど煮れば至極柔らかに成り、少し甘味《あまみ》も有る様なれど、其中のえぐみ残れり。余も食してみるに、初め一ツはよく、二ツめには口中一ぱいになりて咽《のど》に下りがたく、はや三ツとは食しがたきもの也。されど食尽きぬれば、皆々やうやう是を食して命をつなぐ。哀《あわ》れ成る事筆に云ひ尽すべきに非ず。

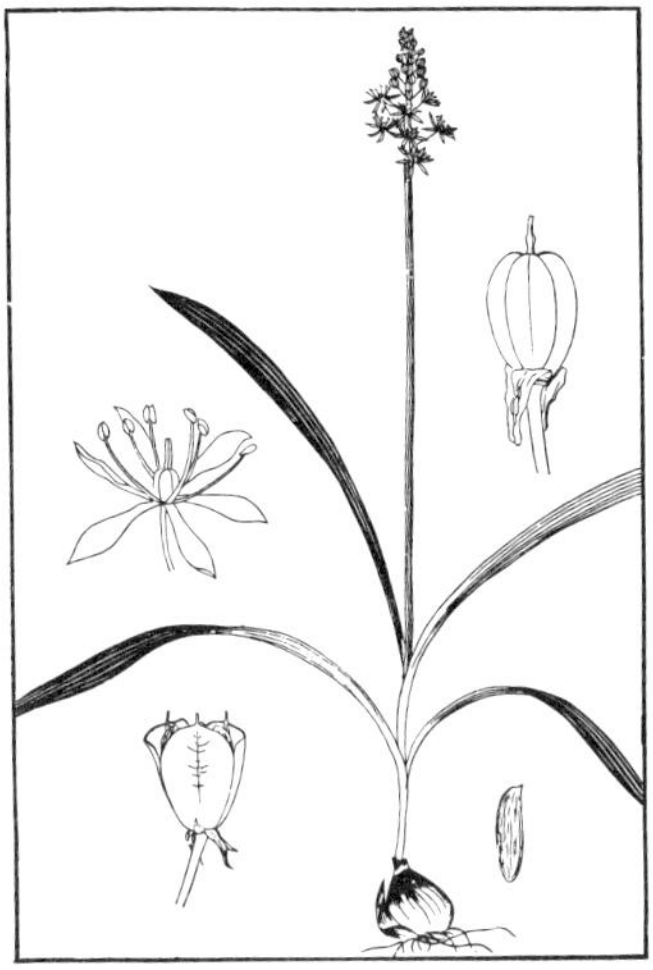

ツルボ（D）

筆者南谿は、このような体験をしたのち、一日中歩き疲れて、とある奇麗な造りの大きな農家に立ち寄ったところ、この家では老婆が一人きりで留守居をしていたので、何故人が少ないかと問い質すと、老婆の云うには、この家の者は、親子・嫁・娘全部して、ここから八里ほど山奥にすみらを採りに出かけているとのこと。浅い山のすみらは全部採り尽くし、今は余程山の奥に入らなければならないので、今朝七ツ半（午前五時）に家を出て、往復十六里を歩いて、夜の四ツ（午後一〇時）頃でなければ戻らない。皆が皆空き腹をかかえているので足の運びも遅く、それで夜遅くならねば帰れないのだという。筆者はさらに続けて次のように記している。

其《その》すみらいかほど取り来るといへば、家内二日の食に足らずいふ。さても朝の暗きより暮の夜まで十六里の難所を通ひ、三日三夜煮て、漸々《やうやう》に咽《のど》に下りかねるものをほり来りて露の命をつなぐ事、哀《あわ》れといふも更なり。中にても大なる家だに斯《かく》の如し。ましてはいはんや、貧民《ひんみん》の、しかも老人小児《こども》、又後家《ごけ》やもめなどは、いかがして命をつなぐ事やらんと思ひやれば、むねふさがる。

飢餓・疫病による死者九二万人という天明大飢饉の惨状が、南谿の筆によって生々しく描写されている。飽食の現代人にとっては、およそ想像を絶するなんとも凄惨な情景である。

上掲の記事に出てくる「すみら」なるものは今いうツルボ（ユリ科）である。ツルボは、北は北海道南西部から南は沖縄に至るまで、ほとんど日本全土の山野に生じ、朝鮮半島・中国にも分布する。鱗茎は卵球形で、そこから細い根を幾本も出し、二枚向かい合う葉は、長さ一〇〜二五センチ、幅四〜六ミリの線形で、表面は浅くくぼみ、厚く柔らかく、一見ニラ（韮）の葉によく似ている。葉は、春と秋二回姿を見せ、春の葉は夏には枯れる。夏から秋にかけて茎の間から花茎を伸ばし、淡紅紫色の花を総状につける。花穂の形が、昔貴人が指した長柄の参《さん》内傘《だいがさ》をつぼめた形に似ているところから「さんだいがさ」の別名がある。

卵球形の鱗茎は、年に二回も葉を出し、しっかり養分を貯えるせいか、径三センチほどにもなり、黒褐色の外皮に覆われている。この外皮を取り除くと、白くつるつるした、ラッキョウに似た中味が現れる。これを古くから、飢饉のときの非常食、つまり救荒食糧に用いたのである。

『大和本草』をみると、「性冷滑ニシテ瀉下《シャゲ》ス。飢人食ヘバ瀉下シヤスク、身ハルルト云フ。故ニ凶年ニモ多ク食ハズ。水ヲカヘテ久シク煮レバ無《シ》レ害、村民不レ知レ之《ヲ》、水ヲカヘテ久シク煮ル事ヲ貧民ニ可《シ》レ教《フ》」とあり、鱗茎を食するときは、よくこれを煮て、何度も水を取り替えないと下痢をするおそれのあることを警告している。

鱗茎だけでなく、ツルボの若葉も、ゆでて数時間水に晒せば、和え物、浸し物として食べられるという。

さて植物和名のツルボの語源であるが、『物類称呼』によれば、「つるぼ」の名は山城の方言で、なまって「するぼ」とも称したらしい。『牧野新日本植物図鑑』には、「ツルボ、スルボは共に意味不明」とあり、その他の多くの図鑑類にも意味不明として、その語源を説明したものは皆無である。

私は、上記の如く、鱗茎の外皮を取り去ったあとの卵球形の中味が白くつるつるしているところから、「つるつる坊主」が略されて「つるぼう」となり、さらに転じて「つるぼ」になったものではないかと思う。「するぼ」は無論「つるぼ」のなまったものであろう。

ツルボには普通「蔓穂」の漢字名が用いられるが、これはまったくの当て字であり、ことさらにこの漢字名にこだわった末、意味不明とされたもので、案外「つるぼう（坊）」などといったごく平凡な俗称が「つるぼ」の語源となっていると考えた方が自然なような気がする。

次に、上に引用した『西遊記』に出てくる「すみら」のほか、これと同じ系統の「すびら」、「すみな」、「すんな」、「すつな」などの方言が、九州の各地に分布している。「すみら」の「みら」はニラ（韮）の意であり、ツルボの葉の外見がニラによく似ているからであろう。無論この葉にニラ特有の臭気は全然なく、口に含み嚙んでみても、特に著しい味わいもなく、むしろ無味無臭と云いたいところだが、思い做《な》しか、青臭いなかにやや苦味を感じる。昔の人はこうした苦味を「す（酸）」と表現したらしい。新井白石は、『東雅』の中で、醋を苦酒と称した如く、苦と酸とは相通ずるという意味のことを述べている。だから「すみら」は「苦いニラ」の意味と解すべきであろう。

『物類称呼』に「筑紫にて、ずいべら、又たんぱんぐはいと云」とあり、ここにいう「ずいべら」も「すみら」から転化したものと考えられる。また「たんぱんぐはい」の方言は、ツルボの鱗茎を「くわい（慈姑）」の球茎に見たて、それに「たんぱん」は鹿茶淡飯《そちゃたんぱん》などといい、粗末な食事を形容した言葉「淡飯」で、「粗末な味のくわい」といった意味合いではなかろうか。同様にして、「うしのにんにく」（鹿児島）及び「うしのひる」（新潟）は、いずれも牛の食べる「ニンニク（大蒜）」の意味で、鱗茎の形がニンニクに似ているからの名であろう。

さらにまた『物類称呼』に「江戸にてうしのふし、又牛うらうと云」とあるが、「牛のふし」の「ふし」は「カラスビシャク」（半夏）の方言であり、「牛うらう」は「うしようろ」（埼玉）及び「うしぐろ」（千葉）と同源で、本来は「牛のユリ（百合）」の意味であったものと考えられる。何故ならば「よろ」は百合の方言で、ツルボの鱗茎を煮たものは、美味ではないがユリの味に似ているといわれているからである。

このほか「にがほうじ」、「はたほうじ」（いずれも和歌山）などの方言もあるが、「ほうじ」はカラスビシャクの方言であり、別に「へぼろ」（千葉）といったカラスビシャクと共通した名前もある。

知里眞志保著『分類アイヌ語辞典（植物篇）』によれば、アイヌ語でツルボをsita-tomaといい、永田方正著『北海道蝦夷語地名解』（一九二七）には、北海道日高地方のある沢にツルボが多く生育していることに触れ、「此沢に〃セタトマ〃とて、和名〃ツルボ〃多くあり、土人採りて食ふ」と記している。

またツルボの中国名に『中国高等植物図鑑』では「綿棗児」を当てているが、周憲王の『救荒本草』には、綿棗児のほか別名石棗児を挙げ、「出密県山谷中」と注している。

さらにまた、村田懋磨著『満鮮植物字彙』をみると、ツルボの朝鮮名を“Mul-lut-tcho”といういい、「朝鮮では、各地の市場に売買せらる。蓬と共に煮て黄粉をまぶして食えば、味更に佳なりという。朝鮮人の珍品として嗜好する所なり。」と記している。

# 17　トキンソウ（ハナヒリグサ・タネヒリグサ）

横浜市金沢区釜利谷の地に引き移って一〇年、一九八六年のことだった。家が建ち、気に入った庭木を植え込み、吉祥寺の旧居から苦心して運んだ野草もある程度根づき、ひとまず庭の体をなしたと気を許したのも束の間、翌年の春から庭の草取りに日々これ追われる仕儀と相成った。

もともと山を切り開いて造成した新興住宅地だけに、そのままでは土に肥料分がないので、畑土を客土としたのはよいが、この土がまたとない雑草の温床となり、これを取り除くのがたいへんな仕事になったのである。

ことに芝生の雑草とりには随分と手こずった。宅地造成と同時に居ついたオニウシノケグサの芽が芝生の間からニョキニョキ顔を出し、これを古いナイフの先で掘り起こし、文字通り根絶やしするのに、少なくとも二、三年はかかった。次に手を焼いたのがツメクサとアカカタバミ、それに芝生の片隅の少し湿った部分からいつの間にか侵入したチドメグサがあっという間にはびこり、グランドカバーにと播いたダイコンドラ（アオイゴケ）までが我が物顔に芝生の中に入り込み、これの駆除にはすっかり手を焼いた。

もっとも、春早い時期から、毎日欠かさず芝生の草取りに専念したお蔭で、夏に入ってからは、ほとんど手が掛からなかった。それでも油断をすると、コニシキソウがいつしか根をおろし、独特の斑文のある小さな葉をつけた細い茎を思い切り拡げ、その生命力の旺盛さに驚くことがしばしばだった。

一方花壇や菜園や露地では、毎年春早々から、ホトケノザをはじめ、ハコベ、オランダミミナグサなどの駆除に追われ、やがてハルジョオン、ヒメジョオン、オオアレチノギク、ハルノノゲシ、ハキダメギク、セイタカアワダチソウ、メヒジワ、オヒジワ、エノコログサ、ツユクサ、ドクダミ、カナムグラ、ヤブカラシ、イヌタデ、シロザ、エノキグサ、スギナ、カタバミ、キュウリグサ、スベリビユなどの幼苗が次から次へと顔を出し、まさに飽くことを知らぬといった状況である。

トキンソウ（D）

私どもの手を焼かせるこうした雑草のなかにトキンソウ（キク科）がある。この草は、春早くから地上に、くさび形をしたへら状の葉が互生した茎を出し、放っておくと茎が根ぎわで分岐し、地面にはり付いたまま四方に拡がり、節の部分から根をおろす。さらにそのままにして夏を迎えると、葉腋に小さな緑色の頭状花が咲き、そのあとに黄色の果実ができる。もっとも拙宅の庭では、春早々にトキンソウの苗が地上に姿を現し、なにかコケを思わせるような格好で地面にへばり付いている頃、逸早く削ぎ取ってしまうので、これまでに花や果実の姿を見かけたことはない。

だが、伸び放題にしておけば、やがて花が咲き、実ができた頃、花を指で押すと黄色の実が飛び出すのを目にすることができるはずである。このように、花を押すと黄色の実が出るところから「吐金草」の名がついたという。これは牧野博士の説で、博士の『牧野日本植物図鑑』に、「和名ハ吐金草ノ意ニシテ、此頭状花ヲ指間ニ押潰セバ黄色ノ痩果ヲ吐出スル故斯ク称ス。所ニヨリたねひりぐさノ方言アリ」と記されたのに拠ったものである。この「吐金草」説は、笠原安夫著『日本雑草図説』、朝日新聞社刊『世界の植物』No.5をはじめ、大抵の植物図鑑や植物書はもとより、『広辞苑』、『日本国語大辞典』のような権威ある国語辞典にもそのまま引用されている。

ところが、私の考えでは、トキンソウの漢字名は、「吐金草」ではなくて「頭巾草」が正しいのではないかと思う。頭巾は兜金とも書き、山伏が額に紐で結びつける黒い布で作った小さな「ずきん」のことで、芝居の「勧進帳」の舞台でお馴染みの代物である。トキンソウの頭花の形をこの頭巾に見立て、「頭巾草」と称するようになったのではなかろうか。バラの仲間にトキンイバラというのがある。このバラの八重咲きの花がまさに頭巾に似ているのでその名が起こったことはよく知られている。

上に述べた如く、現在国語辞典の大部分が「吐金草」の漢字名を用いているのに対し、ひとり平凡社の『大辞典』だけは「頭巾草」の文字をトキンソウに当てている。これは何故かというと、この辞書は、植物の漢字名を、志田義秀・田中徹翁共編『日本植物図鑑ニ準拠セル植物名彙』に拠っているからである。この『名彙』は、牧野博士が著され、北隆館から一九二三年に刊行された『日本植物図鑑』に現れた植物名について、語源、漢名、異名、古名、参考事項などについて記した僅か一二五頁の小冊子である。この本に挙げた漢字名のなかにはかなり疑わしいものもあるが、トキンソウに「頭巾草」の字を当てたのは正解だと思う。上記の『大辞典』はこの漢字名をそのまま採用したものである。

トキンイバラと同じ発想で、トキンソウも、その頭花の形を山伏の額につけた頭巾になぞらえたとみる方が妥当なような気がする。余談ながら、イラクサ科にトキホコリの和名を有する植物がある。この植物の球状の頭花の姿からみて、トキホコリのトキは「頭巾《ときん》」のなまったもののように思われてならない。

次にトキンソウの異名であるハナヒリグサ及びタネヒリグサの語源について述べてみよう。トキンソウの異名ハナヒリグサは、『増補和漢分類大節用集』をはじめ『物品識名』、『本草図譜』、『草木図説』などの辞書や本草書に見えるほか、松村任三編『植物名彙』にも挙げられており、古い時代から用いられた名前である。これに対してタネヒネリグサの名は、『牧野日本植物図鑑』に「所ニヨリたねひりぐさノ方言アリ」とある如く、一部の地方に限って通用した異名であるように思われる。おそらく、ハナヒリグサの語調から派生したものと覚しく、文字通り種を「ひり出す」草の意味で、語源的にはハナヒリグサとはまったく別の言葉である。この点両者の語感が非常によく似ているため、混同しないよう十分注意しなければならない。従って、牧野博士が、『増訂草木図説』第四輯に補記された、「トキンソウハ蓋シ吐金草ノ意ナルベシ、是レ頭花ヲ両指ノ間ニ圧セバ中部ノ黄小花吐出スレバナリ、ハ、ハ、ハ、ハナヒリグサ併ニタネヒリグサノ名亦之レニ基ヅク、(牧野)」との説明は博士の勘違いによるもので、誤りといわなければならない。

なんとなれば、トキンソウの異名のハナヒリグサは、実は「嚔《はなひ》り草」で、ハナヒリは「くしゃみ(嚔)を意味する言葉だからである。

『本草綱目(国訳)』のトキンソウに当たる「石胡荽」の條に、「揉ンデ、鼻ガ塞《ツマ》ツテ通ゼヌヲ治ス」とあり、トキンソウの全草を乾かして粉にしたものを鼻の中に入れて「くしゃみ」を出すのに用いたらしい。ツツジ科にハナヒリノキというのがある。この木の葉を粉にしたものを鼻に入れると激しい「くしゃみ」を起こすのでこの名があるという。ハナヒリグサも、語源的にはまったくこれと同じである。

トキンソウのこのような性状は古くから知られていたとみえ、かの南方熊楠が、大正三年

（一九一四）一月の雑誌『不二』（第六号）に寄稿した「虎に関する笑話」と題する一文の中にトキンソウに関する次のような記述がある。

性来煙草好きなのを、入監以来断念して三、四日おったところ、毎朝檻外で散歩を許さるる。その際ふと獄内の砂地におびただしい〝ときんそう〟という小草が生えおるのを見出し、大分拾うて袂に入れた。（中略）〝ときんそう〟は一名嚏《はなひ》り草、多少の麻酔性あり、その花粉を少し鼻孔に傅《つ》くると、たちまち魂飛び魄散ずるほど快くなって嚏《はなひ》ること鼻莨《はなたばこ》に同じ。このことを知っておったから、僕は檻房に入って読書しながら、少しずつ鼻に傅《つ》けて面白く日を過ごした。おいおい看守も気がついて、何を拾うかと聞くので、訳を語ると、叱るどころでなく、それは佳報《よいはなし》を聴いたと、甲伝え、乙試して、彼方《あっち》にも斯方《こっち》にもハクショーンの声相応じておったから、今も多少試《や》っておる人もないに限らぬ。（下略）

（平凡社版『南方熊楠全集』第三巻による）

この一文は南方熊楠が、明治四三年（一九一〇）八月二一日神社合祀の推進者である和歌山県吏田村某に面会を求め、県主催の林業夏期講習会に大酔して押し入り、翌日家宅侵入の容疑で拘引され、未決囚として獄につながれること一七日間、九月七日免訴出獄するまでの実際の体験に基づく記録である。このハナヒリグサを鼻に入れて楽しんだ話は、文中に引用されたレゼールの『露国譚集《ロシアものがたり》』に載った虎に関する逸話の中に出てくる鼻莨《はなたばこ》にちなんで書かれた自らの体験談で、これに続いて〝嚏《くしゃ》み〟についての面白い話が出てくるが、本論に関係ないのでここでは割愛する。

『本草綱目』をはじめ、中国の本草書には、トキンソウの全草を乾して粉にしたものを用いるとあるのに対し、熊楠の場合はその花粉を用いているが、この点は大同小異といってよかろう。ともかくこうした熊楠自身の体験談から推しても、ハナヒリグサの語源を、「花を吐き出すから」と解する説が成り立たないことは明らかである。

ちなみに、『本草綱目』に、「石胡荽《せきこずい》」（トキンソウの正式漢名）の通称として鵞不食草とあるところからみて、この草が家禽の食草として適さない成分を有するものと思われ、また『湖南薬物志』に、やはり「石胡荽」の別称として挙げている団子草及び球子草は漢字名の「頭巾草」に通じ、同じく地胡椒の名は「嚔り草」に対応していると考えられないだろうか。

# 18　トクダマ

数年前の六月下旬、箱根の湿生花園を訪れた。幸い梅雨の晴間に恵まれ、折からハナショウブ、ノハナショウブ、オニシモツケ、エゾミソハギ、ニッコウキスゲ、クガイソウなどの花々が湿原を埋めつくし、ヒメユリ、ヒメサユリ、ハンカイソウなども運よく花期にめぐりあい、池沼のアサザの花の黄金色も強く印象に残った。

この日たまたま、園の入口近く、ギボウシの一種である「トクダマ」の一株が、短い花茎に、意外と地味な花をつけているのが目に入った。この「トクダマ」は、かつて神代植物公園で、「タマノカンザシ」などといっしょに、花壇の一隅に植えられているのを目にしたことがあり、当時「トクダマ」の名の由来について考えてみたが、結局わからず仕舞いだったことを覚えている。

その後、ふとした機会に、私なりに、この植物の語源の解釈を思いついたので、ここに披露してみよう。

「トクダマ」は、オオバギボウシの変種で、チョウセンギボウシともいい、山陰地方に自生しているといわれる。オオバギボウシに比べると、ずっと葉の形が丸くて質も固く、脈の凸凹

トクダマ（D）

が甚だしく、霜白色の粉に覆われ、ギボウシの仲間では、著しく特徴のある種類である。この葉の形からエボシタタキ（表面に細かいしわを寄せた漆塗りの一種）の名で呼ばれたこともある。こうした特異な葉の姿のわりには、花の方は、花茎も低く、つぼみのままの形がわずかにほころびる程度で、それほど見栄えがするとは思えない。だから昔から、葉の観賞を主たる目的として、好んで庭園などに栽培されたものである。

さて、中国の有名な古典『韓非子』に、「櫝《とく》を買いて珠《たま》を返す」という文句がある。これは、田鳩という人物が、楚王の問いに答えて述べた言葉の中にある文句で、「櫝、すなわち珠を入れる箱だけを買って、なかの珠を返してしまった」という意味がある。

これだけではわかりにくいので、いま少し詳しく説明してみよう。

昔楚王が田鳩に、「墨子という人は、世に聞こえた学者だが、言葉が多いわりには、内容がないではないか」と問いかけたのに対し、田鳩は、「あるとき楚の人が鄭《テイ》の国の人に、美しく飾った箱に珠を入れて売ろうとしたとき、買手は、箱の美しさに目を奪われて、箱だけ買って、肝心のなかの珠を返してしまったという話があります。ちょうどこのように、彼も言葉を飾ることだけに専念して、人の本質の良さを大切にしません。」こういう意味のことを答えた。「櫝《とく》を買いて珠《たま》を返す」は、こうした田鳩の答えの中のたとえ話に出てくる文句である。「トクダマ」も、本来は花（珠）を愛すべき植物の、葉（櫝）の見事さに心をひかれて、肝心の花を顧みることの少ないところから、上の文句に引っかけて、このように名付けたものではなかろうか。

人によっては、こんな難しい中国の古典のなかの文句が何故植物の名前に関係があるのかと、いぶかる向きもあろうかと思うが、昔の園芸に趣味を持つほどの人には、本草家をはじめとして、高家、大名、武家など、知識階級が多く、これらの人々はいずれも漢学の素養が深く、『韓非子』の如きは、四書五経とともに広く読まれ、上記の文句などは、江戸時代の知識人の間では常識の範囲に属していたものとみてよかろう。

現に私たちが旧制中学時代に習った漢文の教科書にも『韓非子』のなかの文章が載っており、例えば「矛盾ノ説」、「毛ヲ吹イテ小疵ヲ求ム」、「株ヲ守リテ兎ヲ待ツ」、「人主モ亦逆鱗《ゲキリン》アリ」などの文句は、皆これによって覚えたものである。従って「トクダマ」の名の由来を、古来よく知られた『韓非子』中の文句に求めることは、決して不自然とは思われない。

ちなみに、「トクダマ」と並び称される「タマノカンザシ」は、江戸中期に日本に入った中国産の Hosta plantaginea の園芸品種で、その中国名玉簪（棒玉簪）をそのまま訓読みして、「タマノカンザシ」と称したものであるという。

# 19　ドクダミ

平素わかりきっている積もりでいて、いざ人にその語源を問われて、諸書に引用され、さも尤もらしく思われる説を紹介するうちに、その説明に自分自身腑に落ちぬ点のあることに気付き、あらためて考え直す必要が生ずる植物名に時折りぶつかる場合がある。ドクダミがそういった植物名の一つである。

つい最近読んだ本のなかに、ドクダミの花一輪を、無造作に切り取った青竹の花生けに挿し、茶花としてその風情を愛でる場を描いた一節があった。ドクダミが、そんじょそこらに滅多に見られない花であるならば、茶花に生けて観賞するほどの情趣を備えていることは確かである。だが、なにしろその繁殖力の旺盛なことは驚くばかり、少し陽気が暖くなると、我が家の野草の植え込みのあちこちから無遠慮に茎葉をもたげ、とってもとっても、あとからあとから顔を出す始末。もともとこの植物は、白く横に這う地下茎のところどころから地上茎を出すのだから、地上に伸びた茎葉をちょっとやそっと引っこ抜いた程度では、到底根絶できる道理がない。そのうえ、この草をいじったあと手に残るにおいも、まさに悪臭といってよく、どうしてもドクダミについては、風情とか情趣とかを感ずる以前に、雑草、害草といったイメージの方が先に立つ。

しかし、ドクダミには民間薬としての用途が広く、その応用の範囲が十を数えるというので漢名の蕺《じゅう》菜の蕺の音を十の字に読み代えて十薬の名がまかり通っているほどである。

ドクダミは、内服薬として、胃腸病・食あたり・下痢・便秘・利尿などに煎用するのをはじめ、外用として、腫れ物・吹き出物・皮膚病などの排膿や毒下しともする。とくに毒下しとして使った場合の薬効が顕著であるというので、ドクダミの語源は「毒矯《どくだ》め」によるという説が多くの植物書に引用されている。ドクダミの語は、本来ドクダメと称したのが転訛したものであることは、諸国方言の分布状態からみて、ほぼ間違いないと思われるので、私も、ひと頃この「毒矯め」説に信を置いたことがあった。

ところが、最近になって、どうもこの「毒矯め」説なるものが信用できなくなった。というのはよくよく考えてみると、毒を防いだり、これを除くことを表す日本語は「消す」あるいは「下《くだ》す」であって、これを「矯《た》める」とは決して言わないからである。「矯める」というのは、本来曲がっているものを真直ぐにしたり、間違っていることを改め正す意味の言葉であって、どこの国語辞典をみても、毒を除く意味での「矯める」の語の用例はまったく見当たらない。

また視点を変えて、江戸時代の方言辞典である『物類称呼』をみると、「蕺菜、じうやく、しぶき、江戸にてどくだみといふ。武蔵にてぢごくそばといふ。上野にてどく草といふ。駿河沼津にてしびとばなと云ふ。越前にてどくなべといふ。」とあるように、このなかに挙げられたドクダミの方言は、それ自体の不気味なイメージを表現したものばかりであって、毒を除くといった意味合いの方言はみられない。

さらにまた、日本植物友の会の編集に係る『日本植物方言集（草本類篇）』をみると、これにはドクダミの日本全国にわたる方言一六〇余種を掲げているが、そのなかで薬効に触れたものは、ジュウヤクを除いてわずかにイシャコロシ一種で、イモクサ・カッパグサなど生態に関するものを別にすると、あとはすべてこの植物特有の臭気に関するものか、あるいはこの植物をあたかも有毒植物であるかのように表現した名前だけである。例を挙げてみると、イヌノヘ・イヌノヘドクサ・ウマクワズ・シンダモングサ・テクサレ・ドクソウ・トベラグサ・ヘビコロシ・ヤクビョウグサなどがそれである。無論ドクダミは有毒植物ではないが、こうした不吉で気味悪い名前が多いのは、この植物の臭気が甚だしく、しかもその生育地が水湿の陰地など、薄暗く不気味な場所であるため、あたかも毒草であるかのような印象を与えるせいであろう。

このように、ドクダミに毒を除く意味の方言が皆無に近いという事実からみても、国語上の用例とは別の見地から、「毒矯め」説は成り立たないといえよう。

さて一方ドクダメは「毒溜め」の意味ではないかといった説がある。この場合の「毒溜め」は、この植物自体が内部に毒に溜め込んでいると解したもので、このような解釈は、最近のブームに乗ってある製薬会社から発売された「じゅうやく」と称する医薬品の箱の側面に印刷さ

ドクダミ（H）

れた次のような説明文によく表れている。

　生の全草には特有の臭気があるため、何か毒でも入っているのではないかと、ドクダメ（毒溜め）と呼ばれるようになり、続いてこれがドクダミに変化した。

　しかるに、このような「毒溜め」の解釈には不条理の点がある。何故ならば、いうまでもなく、「溜め」という語は、『日本国語大辞典』に、「ためること、またためておく所、特に糞尿をためておく所」の意味であって、ある物質なり性質なりを所有する物体を「溜め」と称する用例はまったくこれをみることができない。例えば、「肥溜め」、「汚水溜め」、「ごみ溜め」、「はき溜め」のように「溜め」は、あくまで物を雑然と集める場所の意味に用いられる言葉である。江戸時代特に病気の囚人あるいは一五才未満の罪人を収容した獄舎を「非人溜め」といい、単に「溜め」とも称したといわれる。こうしてみると、「溜め」という言葉には、なにか汚いもの、不浄のものを集める場所の意味が込められているように考えられる。

　よく知られているように、ドクダミは、林の中や川辺の陰湿地の狭い範囲に群落を作って生育する習性をもっている。このような群生地には、ドクダミ特有の悪臭が立ち込め、いかにも毒気がただよう感じがする。こんな場所を、昔の人は、毒気の溜った場所という意味から「毒溜め」と称し、やがてこれが植物自体の名前に転じたものではなかろうか。私自身山歩きの途次、脇道などに逸れ、こうしたドクダミの群生地に足を踏み入れ、猛烈な臭気に思わず鼻を覆った経験が幾度かある。

〝方五尺十薬の臭い溜めており〟

これは新聞の俳句欄でみかけた投稿句の一つを私流に勝手に手直ししたものである。

ちなみに『大言海』によると、ドクダミの語源を「毒痛《ドクイタミ》ノ意カト云ウ」と説明しているが、その意味はどうしても理解できない。おそらく、ドクダミの音にとらわれた単なる語呂合わせではないかと思う。

なおドクダミの古名を「しぶき」といい、その語源を『大言海』は、「蕺ハ音しふナリ、きハ木ノ義カ」と説明している。「しぶき」は本来「しふき」であって、「しふ」は蕺の音、「き」は木の意味ではないかという『大言海』の説明は、文字通り木を竹に継いだようなもので、どうにも納得がいかない。

また新井白石は、『東雅』の中で、「蕺、読てシブキといふ。義不ㇾ詳。蕺は味辛しと見えたればシブキとは其味をもて云ひしに似たり」と述べている。しかし試みにドクダミの茎葉を噛んでみたところ、別段辛くも渋くもないから、この説も当たらないようである。

私は「しぶき」は「滞《とどこお》る」という意味の古語「渋《しぶ》く」に基づくもので、上に述べたように、毒気（臭気）が一個所に停滞する状態を「毒しぶき」といい、これが略されて、単に「しぶき」となったのではないかと思う。このように解すれば、上記の「毒溜め」と一脈相通じるものがあるような気がする。

# 20　トベラと石南

数年前私は、『植物和名の語源』という本を出した。つい先日これを読まれた神戸の某氏から、同氏が『六甲』と題する短歌雑誌に寄稿されたトベラに関する記事のコピーを同封した書面をいただき、これに上記の私のトベラの項に、トベラの古名「石楠草」が挙げられておらず、またシャクナゲについての説明がないのは残念だといった意味のことが書かれていた。同氏は兵庫県の地名の研究家とみえ、添付されたコピーに見る同氏の筆になる記事の概要は次のようなものである。

兵庫県の山岳地帯に二個処〝とべら〟と称する地名がある。その一つは戸牧（豊岡市）、他は戸平（氷上郡）と書く。おそらくトベラ（海桐花）の自生地であろうと、その旨を『ひょうご地名考』に書いたところトベラ（海桐花）は山岳地には自生せず、海岸地帯に生ずる常緑低木であると読者から指摘された。ドクダミ（十薬）にトベラの方言があるが、上記の戸牧、戸平のような高燥地では、ドクダミが命名の基になったとは考えにくい。ところが、ある人から、『本草和名』や『和名抄』では、石楠草の漢名にトビラノキの和名を当てており、シャクナゲのことを古い時代にはトビラノキと称していた旨教えられた。従って昔これらの地にシャクナゲが自生していたため、トベラの名が生じたのではないか。

内容をつとめて簡略化したが、要点は以上で尽きると思う。

別段地名の由来について意見を求められたわけではないが、「トベラの古語が石楠草である」とか、「シャクナゲのことを古い時代にトベラノキと称した」など、同氏の書かれた記事には多分に誤解があると思われたので、早速返書を認め、これらの点を指摘するとともに、若干の関連事項について所感を述べておいた。

トベラ（B）

この返事の内容は、トベラの語源、漢名の誤用、トベラと習俗及びこれと名前のうえで関連のある植物などに触れており、おそらく大方の参考になると思われるので、以下これらの内容について、できる限りわかり易いように説明を試み、ご参考に供することにする。

トベラの木の茎や根には悪臭があり、『和漢三才図会』に、「除夜之ヲ門扉ニ挿セバ能ク疫鬼ヲ避ク」とあるように、除夜の年越の行事として、この木の枝を扉に挿して、厄除けのまじないとしたところから、これをトビラノキといい、転じてトベラとなったといわれる。

この行事は、節分の夜にも同様に行われ、とくにこの夜行われる「トベラヤキ」はよく知られている。『綜合民俗語彙』によれば、山口県大津郡神谷町では、節分の夕、タラノキにトベラの小枝を結びつけたものを、二本ずつ、戸口の左右と背戸に立て、また節分の豆を炒るための焙烙《ほうろく》の中にトベラの葉を四~五枚投げ入れるという。またその際、豆を炒り終るまで無言でいなければならぬという変わったしきたりがあるといわれる。

もっとも、この木を焚くのは、必ずしも除夜、節分に限らず、八丈島では、正月一四日「トベラ柴」（トベラの茎葉）を焼き、その焼け具合により、作物の作柄や身の上の吉凶を占ったという。神津島でも、この木をクサイノキと呼び、正月一五日の夜に、その葉を炉にくべ、また新島でも正月二四日の物忌《ものいみ》の夜、戸口にこの木の枝を挿し、翌日この葉を焼き、それが烈しい音を立てて膨れると、その年は漁が多いとの云い伝えがあったといわれる。このように、除夜、節分の厄除けをはじめ、吉凶の占いにトベラを用いたのは、この木の生育する地方にほぼ共通する風習だったようである。

トビラノキの語源については、上に述べた通りであるが、トビラノキの名の現れる最も古い文献は、平安時代の延喜一八年（九一八）深根（江）輔仁が醍醐天皇の勅命を受けて作ったわが国最初の本草辞典である『本草和名』であって、これに、「石南草、一名鬼目ノ和名止比良乃岐」と記されている。これでみるように、「石南」の漢名に和名「トビラノキ」を当てている。

次いで、承平年中（九三一〜九三八）、源順《みなもとのしたがう》の撰述したわが国最初の分類体の漢和辞書『和名抄』（正確には『倭名類聚抄』）に、「石楠草、楠音南、和名止比良乃木、俗伝佐久奈無佐」とある。この辞書の動植物に関する記事は、上に挙げた『本草和名』に拠ったといわれるが、同書に「石南草」とあるのと「石楠草」とした点及び「サクナムサ」の俗名が新たに加えられている点がこれと異なる。

有史以来、わが国に自生する植物に基づいて作られた本草書は、少なくとも古代から中世にかけては皆無といってよい。すべて中国から渡来した書物の記載に拠ったものである。この点は『本草和名』も例に洩れず、唐時代の代表的本草書とされる蘇敬による『新修本草』を下敷きにしている。この書は、すでに天平三年（七三一）以前に日本に渡来しており、輔仁らはこの『新修本草』に記載された薬物の大部分に和名を付しているが、もとより正確な図があるわけでなし、簡単な説明の文句をたよりに、それこそ闇夜の手探り同然、これに該当すると思われる和名を類推考定したものである。従って誤りも多く、なかには、中国だけにしか産しない植物に、強いてこれに似た和産の植物を当て、和名としてその名を挙げているものも少なくない。

ちなみに、『新修本草』は、ひところ散逸されたものと考えられていたが、わが国では仁和寺にその一部が残り、さらに戦後、かつて敦煌からスタイン、ペリオらが持ち帰ったものの中から残簡が発見されるなどした結果、ほぼ原形に近い姿で復原され、一九五九年中国医学研究所から、影印本として刊行された。従って現在では、『本草和名』の記述を直接『新修本草』と比較対照して調べることができるようになった。

そこで、『新修本草』に記された「石南」の説明文を、わかりやすいように読みくだして紹介すると次の通りである。

石南ノ葉ハ茵草《ホウソウ》ニ似テ、冬ヲ凌《シノ》イデ凋《シボ》マナイ。葉ノ細イモノヲ以テ良シトスル。関中（注―陝西省）ノモノハ好シ。（中略）江山（注―浙江省江山県）ヨリ南ノモノハ、葉ガ長大デ、枇杷葉ノ如ク、気味ガナク、殊《ハナハ》ダ用イルニ任《タ》エナイ。今医家ハ復《また》実ヲ用イナイ。

（備考―茵草は、『頭注国訳本草綱目』には「まらさう」と訓じているが、『諸橋大漢和辞典』ではこれを「ハウサウ」と読ませている。ただしどのような植物に当るかは不明）

このような記事に基づいて、『本草和名』では、「石南」を「石南草」としたうえ、これをトベラに該当すると判断し、この漢名に「止比良乃岐」の和名を当てたものと考えられる。ただし、後で述べるように、本来の石南（石楠）は、バラ科のオオカナメモチであることが判明したので、上記の和名はまったくの誤りと断定できる。

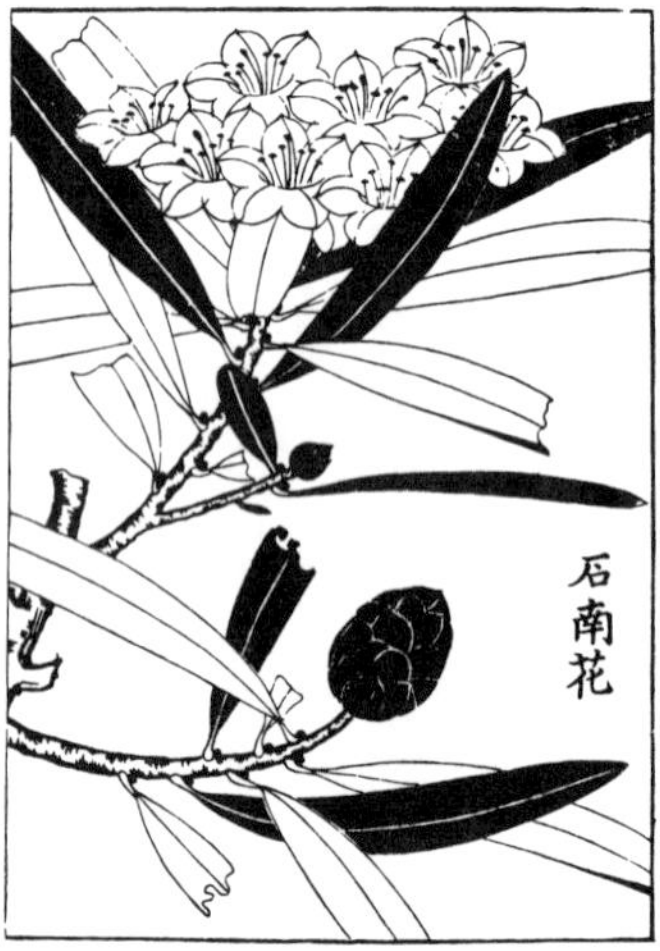

シャクナゲ（B）

時代の下るに従って、中国からいろいろの本草書が渡来するにつれて、石南に関する説明記事が一層詳しくなり、それに伴い、石南をトビラノキとしたのでは辻褄が合わなくなった。例えば宋の時代一一一六年にできた『本草衍義』をみると、「石南」について次のように説明している。

（前略）苞ガ既ニ開クト、中ニ十五余ノ花ガアリ、大小椿花ノヨウナ、甚ダ細砕ナモノデ、毎一苞ガ約《オヨ》ソ弾ホドノ大キサデ、一毬ヲナシ、一花六葉デ、一朶ニ七八毬アリ、淡白緑色デ、葉末ガ淡赤色デアル

これでは、トビラノキに合わないと疑念が持たれるに至るのは当然である。とくに『本草綱目』の渡来後の江戸時代には、これに引用された中国の各種本草書の記述により、石南（石楠）はシャクナゲ（ツツジ科）ではないかと考えられるようになった。

例えば、貝原益軒の『大和本草』では、さすがにトベラを引き合いに出しながら、次のように説明している。

石楠花《シャクナゲ》、山木ナリ。トベラノ葉ニ似テ長ク厚シ。臘前ヨリツボミ生ジ、三月ニ淡紅花ヲ

開ク。花大ニシテ、シャクヤクニ似テ甚ダ美ナリ

また小野蘭山の『本草綱目啓蒙』にもほぼ同様の説明が行われている。

こうして、江戸時代以後にあっては、石南（石楠）はシャクナゲの漢名として、一般に通用するようになったのである。

石南（石楠）がシャクナゲの漢名でなく、オオカナメモチのそれであることはいまや定説となっている。北村四郎の『本草の植物』によれば、松田定久が、一九一三年『植物研究雑誌』第二七巻に、「石南はシャクナゲにあらず」と題する論文を発表、さらに同誌第二九巻において、「石南」はバラ科のオオカナメモチ（Photinia serrulata Lindl.）に当たることを論証した。無論最近の中国における植物図鑑には、この学名に当たる植物に「石南」の標準名を用いている。

オオカナメモチについては、筆者の旧制中学時代の学友であった故林弥栄博士の話によれば、その天然分布は、台湾、中国、インドシナ、インド、フィリピンなどで、日本にも、岡山県、愛媛県、鹿児島県（奄美大島、徳ノ島）、沖縄（西表島）などに自生があるという。なお同博士は、一九六〇年、岡山県の日生《ひなせ》の山地において、この木が数本自生しているのを確認しているということである。

『日本植物方言集（草本類篇）』をみると、ドクダミをトベラと呼ぶ地方は九州に多いが、これは恐らくその茎葉に臭気があるための名であろう。新潟県の刈羽郡におけるカワノリ（カワナ）の方言にトベラが挙げられているが、なぜこういうのかわからない。

また倉田悟博士の『日本主要樹木方言集』をみると、熊本県球磨地方のゴンズイ（ミツバウツギ科）の方言にトベラがあるが、これは果実の裂けた姿がトベラのそれとやや似ているので誤認されたのかも知れない。

トベラの名を付した植物としては暖地の森林に自生するマメ科の草本状の小低木ミヤマトベラがある。深山に生じ、葉の形、色、光沢などがトベラに似ているのでその名が起ったという。トベラグサ、ヤマニガキなどの別名もある。その根を乾したものを山豆根《さんずこん》と称し、口腔内の諸病の薬として用いたのでイシャダオシの俗称もある。ただし漢方でいう本当の山豆根は、クララ属の別の植物で、ミヤマトベラを山豆根であるとして誤り伝えられたのは『本草綱目啓蒙』以来のことであるという。

ミヤマトベラは、四国、九州のほか、山口県、兵庫県などにも産するというので、紅谷進二編『兵庫県植物目録』で調べてみると、播西の船越山が産地として挙げられているだけであり、この山は問題の上記戸牧（豊岡市）及び戸平（氷上郡）とはかなり隔っており、これらの地名とミヤマトベラとは関係なさそうである。

いまひとつトベラの名のつく植物にクサトベラ（クサトベラ科）というのがある。わが国では、屋久島、種子島、琉球、小笠原などに分布する高さ一〜二メートルの常緑の低木で、枝端に集まった葉の姿がトベラに似て柔らかいのでこの名がある。海岸の砂地や岩の間などに生じ、私も先年石垣島の海岸でこれを目にした覚えがある。

（なおトベラについては、拙著『植物和名の語源』二七〇〜二七一頁を参照されたい）

# 21　ハナイバナ

数年前に引き移った横浜の今の住いの地は、尾根一つ隔てて鎌倉に接し、朝比奈切り通しまでは歩いてわずか二〇分、山歩きを兼ねた古寺旧跡巡りには至極便利である。

二〇〇段近い階段を登って、二〇〇メートルほど歩けば尾根筋に出られ、丁字路を右にとれば、大丸山、円海山の山裾を巻いて港南台へと通じ、左すれば、天園を経て、瑞泉寺、鎌倉宮、覚園寺、建長寺などへの道が随所に通じている。いわゆる鎌倉アルプスと称する山並みである。

これらの道筋は、処々に展望が開けているが、総体うっ蒼たる樹木に覆われ、ことに春ヤマザクラの季節における景観は素晴らしい。土曜、日曜はハイカーで賑わいをみせるが、週日ならば道ゆく人影もまばらで、静かな雰囲気を存分に楽しめる。

漫然と気の向くまま、脇道へそれてみるのも面白く、下手をすると、とんでもない住宅地の真中に迷い込んでしまうこともあるが、ときには、思いもかけず人気のない静かな場所に出くわすこともある。そんな道の一つが、上に述べた丁字路の少し手前を左に入る脇道である。往き止りというので、この道をたどる人は絶えてないが、往き止り地点に近く、広い草地が開けている。開豁地の割には、ハルジョオン、ヒメジョオン、オオアレチノギクといったお定まりの外来植物の姿が見えず、比較的自然の状態が保たれているのが嬉しい。

私は、早春のよく晴れた日にここを訪れ、草原に新聞紙を敷いて腰を下ろし、柔らかな日射しを浴びながら、缶ビールとお握りの昼食をとり、あとはのんびりと、寝ころんだり、本を読んだり、ノビルを摘んだり、気ままに時を過ごすのを楽しみにしている。横浜横須賀高速道路を通る車が、かすかに人界の音を運んでくるほかは静寂そのもの、近くに人間の住まいが密集していようとはとても思われないほどの別天地である。

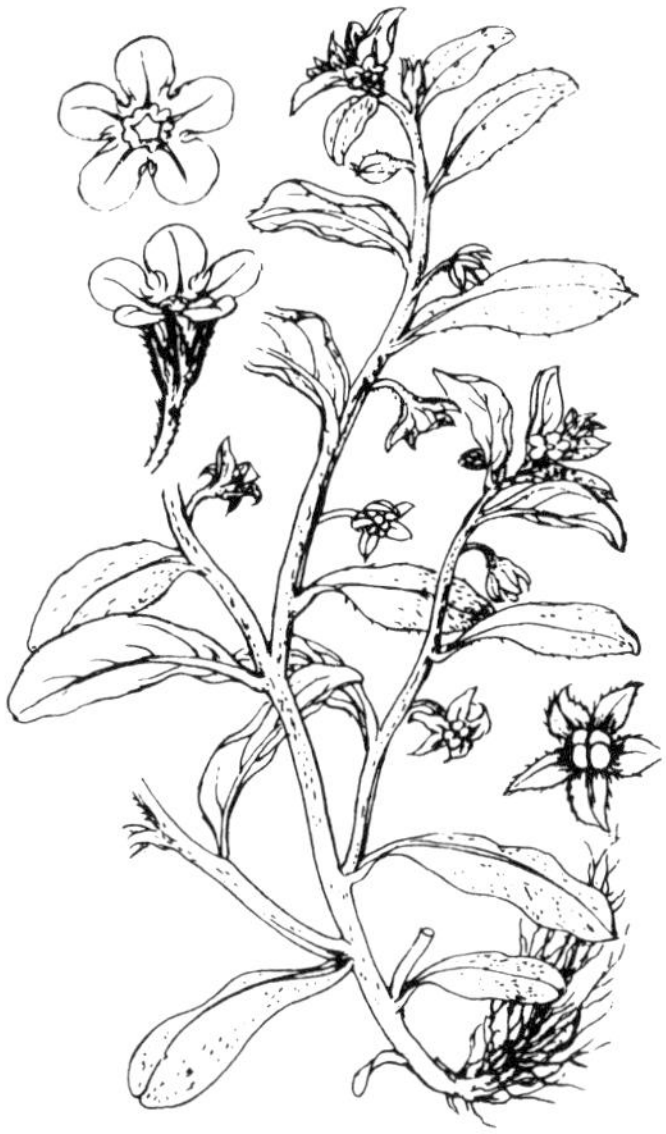

ハナイバナ（J）

この草地をぶらぶら歩きがてら、あれこれと植物を調べてみると、ここには意外とキュウリグサやハナイバナが多いことがわかり、両者をじっくりと比較しながら観察することができた。両者は別属の植物だが、ともに薄青紫色の小さな花をつけ、その風情たるやまことに可憐、一見その姿はよく似ているものの、詳しく観察すれば、大いに違うことがよくわかってくる。

すなわち、キュウリグサの方は、花をつける茎が斜め上に長く伸び、葉がすべすべして、艶があるのに対し、ハナイバナの方は、花が葉の脇にぴったりとくっついて咲き、葉の表面にしわがよっていて、なんとなく生気のない点が大きな相違である。

そこでハナイバナの語源だが、『牧野新日本植物図鑑』をみると、「葉と葉の内に花がつくので葉内花の意味であろうと思われる」とあり、この説明は、ほとんどの植物図鑑にそのまま引用されているので、これを信ずる人が多い。しかしながら、私には、この「葉内花」なる漢字名には疑問があるように思えてならない。

水谷豊文の『物品識名拾遺』に「ハナイバナ雛腸草一種（カワラケナ）」とあり、江戸時代からすでにこの名があったことは明らかであり、牧野博士がこのハナイバナの語源を「葉内花」であると推定された経緯について、明治三七年五月二〇日発行の『植物学雑誌』(Vol. 18. No. 208）に、博士自らやや詳しく記述しておられるので、次にこれを紹介してみよう。

「むらさき科ニ属シテ、野外ノ耕地等ニ普通ニ見ル所ノ二年草ニはないばなト云フモノガアル。コレハ酷《ハナハ》ダ能ク同科中ノたびらこ（筆者注―キュウリグサのこと、ムラサキハコベともいう）ト類似シ、チョットマギラワシキ品デアル。サレド其葉ノ間ニ一花ヅツ花ヲ出スニヨリ、之レヲ葉ナキ痩総状花ヲ有セルたびらこト区別スルコト容易デアル。多分昔ノ本草家ガ此ニ草ノ混雑ヲ防ガンガ為メニ一方ノ品ニはないばな即チ葉内花ノ名ヲ付ケシモノデハナイカト私ハ想フノデアル」（この記述は、『牧野植物学全集』第五巻「植物分類研究」下巻にそのまま掲載

されている）

では何故私が、「葉内花」なる漢字名を疑問視するかというと、古来、訓と音を重ねて読むことは、「湯桶読《ゆとうよみ》」と称して、滅多になかったからである。例えば「家内」は「カナイ」もしくは「ヤナイ」、「国内」は「コクナイ」とそれぞれ読み、「イエナイ」とか「クニナイ」などと読むことはなかった。

従って、この植物の花が、葉の間につくからという理由ならば、「葉内花」ではなくて、「葉の間花《あい》」といったのが、詰まってハナイバナとなったと解する方が、国語学的には道理にかなっている。

しかし一方、ハナイバナをキュウリグサから区別するもう一つの著しい特徴である、葉の表面が「しわしわ」で、あたかも葉が「萎（な）え」（しなび）ているかに見える点が、この植物の語源に関係があるようにも考えられる。

つまり、葉が「萎え」ているので「葉萎花《はなえばな》」と称したのが、なまってハナイバナとなった、こんな解釈もできるわけである。

「葉の間花《あい》」、「葉萎花《なえ》」、そのいずれが当たっているか、実のところ判断を下しかねるが、少なくとも「葉内花」の漢字名が疑わしいことだけは確かである。

# 22　ムサシアブミ

横浜の地に引き移ったのが一九八六年のこと、引越し後間もなく宮崎から招来したムサシアブミの球茎が、海に近いこの地の気候風土が適しているせいか、すっかりわが家の庭に根付いた。吹く風もまだ肌寒い三月の初め頃、毎年、庭の一隅に散り敷いた落葉を押し分け、灰色の綿毛を被った若苗が、待ち侘びたようにわずかに顔をのぞかせる。やがて日を経るにつれ、瑞々しく艶やかな三つの小葉に分かれた大型の二枚の葉が真開きに開き、その蔭に隠れるように背を丸めた仏炎苞が頭をもたげる。わが家の庭において異彩を放つ光景である。

ムサシアブミという植物和名の語源を、『牧野新日本植物図鑑』では、「武蔵鐙の意味で、その仏炎苞の形を、むかし武蔵国で生産したアブミにたとえたもの」と述べており、そのほか大抵の図鑑類には、ほぼ同様の説明が載っている。確かに、この植物の丸い脹らみが武蔵鐙の鳩胸の形にそっくりであり、よくも名付けたものと感心のほかない。従って、ムサシアブミなる植物名の語源については疑う余地のないものの、本来の武蔵鐙についての詳しい説明はこれまでに余り見かけたことがない。そこで、興の赴くままに、武蔵鐙の実体、その由来についていろいろと調べてみたので、これについてできるだけわかりやすく述べ、参考に供したいと思う。だから本稿は、ムサシアブミという植物名の語源というより、その名の元となった武蔵鐙そのものの説明を試みようとするものである。

なお、本稿の末尾に植物ムサシアブミの漢名と異名についての考証を付記した。

**鐙《あぶみ》の語義**

鐙とは、馬具の一種で、鞍の両側に垂れ下がるように取り付け、馬に乗るとき、これに足を踏みかけ、乗馬中もこれにより姿勢を保つためのものである。その語源は、足踏《あしぶみ》の略されたものという。『新撰字鏡』に「鐙、阿夫弥」とあり、『和名抄』に「鐙（中略）阿布美、鞍両辺、承脚具也」とある。また『類聚名義抄』には、「鐙　アブミ、タツキ」と記されてあるが、「タツキ」はおそらく、方便もしくは手がかりとか手段を意味する「たずき」（語源は手付きであろう）のなまったもので、鐙が馬に乗るための手段であるため、このように称されたものであろう。

ムサシアブミ（B）

## 鐙の変遷とその実体

鐙の使用についての記述は、『古事記』の「八千矛の神の歌物語」の段に、須勢理姫《すせりひめ》の命の出雲から倭の国に上るため、出発に際し、「片御手は、馬の鞍に繋《か》け、片御足はその御鐙《みあぶみ》に踏み入れて」とあるのが最初で、次いでは、『万葉集』巻十七の大伴家持の歌にも詠まれている。

ただし、鐙の変遷の過程とその実体については、考古学上の出土品及び歴史的遺品あるいは絵巻物などの絵画によってこれを知ることができる。わが国で用いられた最も古い鐙は、古墳時代の中期、すなわち五世紀の頃の古墳から副葬品として出土した輪鐙《わあぶみ》と称するもので、鉄を輪形に作った単純な構造で、後期の古墳から出土する鐙に見られるような、壺《つぼ》と称する爪先を覆う袋状の付属物が付いていないのが特徴である。(図①)に示すのがこれで、面白いことに、現代の鐙がほぼこれに近い形をしている。

次いで、古墳時代後期、すなわち六〜七世紀の頃から奈良時代にかけて用いられたのが壺《つぼ》鐙《あぶみ》と称するもので、(図②)に示すのがそれである。図に見るように、輪鐙に比べて乗りやすいように、踏みかける爪先の部分を袋のように覆ったものである。木や鉄や金銅製などいろいろあるが、現在鞍ともどもに正倉院に所蔵されているものは鉄製で、黒漆塗りである。この鐙を鞍に取り付けるには、力革《ちからがわ》と称する帯革を用い、鉸《か》具《こ》、すなわち尾錠《びじょうがね》金にこれを通し、刺金《さすが》と称する留め金を力革にあけた孔に差し込み、長さの調節ができるようになっている。これらの古墳からの出土品や、古代から伝わる遺物である鐙をはじめとする馬具が、大陸における騎馬民族のそれとほとんど同じであるという事実は、「騎馬民族日本征服論」の有力な根拠とされているのである。

上述の正倉院蔵の壺鐙は、踏板《ふみいた》がやや後ろに伸び、この部分を舌と称するが、この舌がいま少しく後方に突き出た構造の鐙を半舌鐙《はんじたあぶみ》という。（図③）に示すのがそれである。

### 舌長鐙と武蔵鐙

その後上記の半舌鐙の舌をさらに長くして、足首全体がすっぽり収まるように作られたのが舌長鐙《したながあぶみ》である（図④）。

屋代弘賢編の『古今要覧稿』（一八二〇年頃幕命により成る）をみると次のように述べられている。

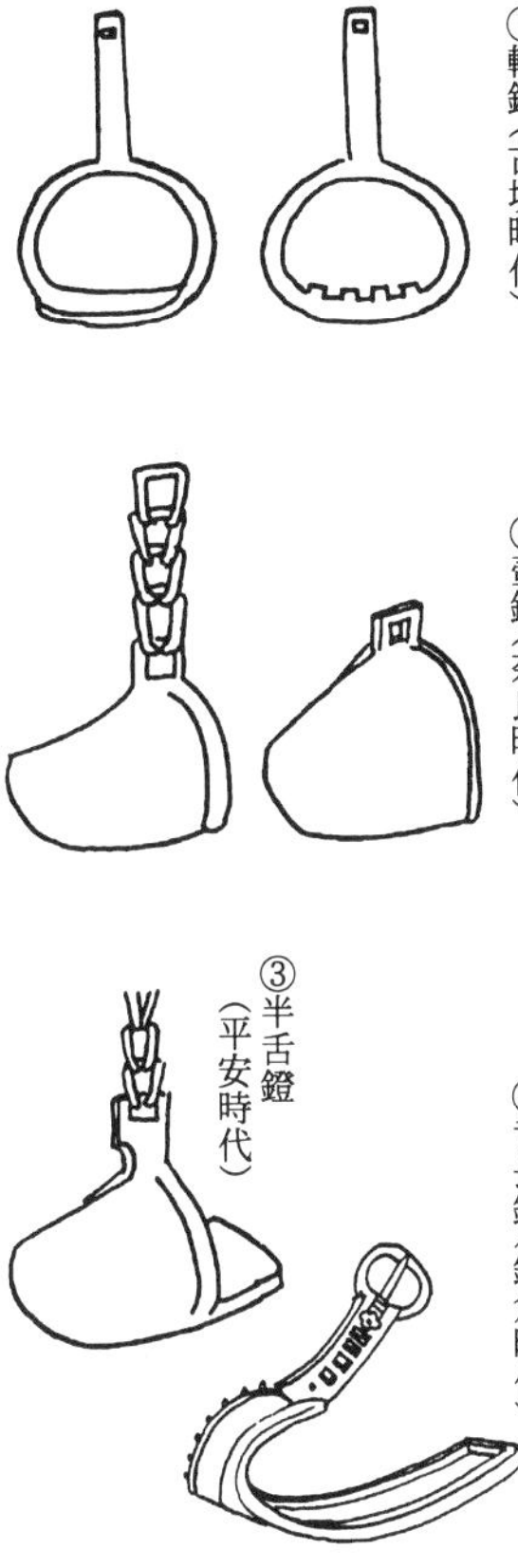

①輪鐙（古墳時代）
②壺鐙（奈良時代）
③半舌鐙（平安時代）
④舌長鐙（鎌倉時代）

（笹間良彦編著『史料日本歴史図録』より）

とみに乗る便りあしければにや、自然にまがれる木を用いて、壺鐙の舌長きものを作り出だしたり。それにまた鉸具《かこ》を作り付けにせしを、武蔵あぶみという。武蔵国にて作る所なるがゆえなり。

これによると、素早く乗馬できるように、湾曲した自然木を加工して、踏板を長くした舌長鐙にさらに工夫を加え、従来の壺鐙や半舌鐙では、鐙を吊り下げるための力革や〝くさり〟の側に取りつけた鉸具《かこ》すなわち尾錠金《びじょうがね》を、鐙側に取り付けたのを武蔵鐙と称したものらしい。

さらに『古今要覧稿』をみてゆくと、次のように書かれている。

此の木鐙は、かならず自然に曲れる木を用うることなれば、たやすく得がたきが故に、鉄に筋金を入れて用うるなり。そのかけ合の矩《のり》を五六のかねともいうより、また五六がけともいえり。

つまり、自然に曲がった木を材料としたのでは、なかなか手に入りにくいので、後には、鉄で枠をこしらえ、これに木で以て細工を施したものが作られ、このような鐙を「五六掛け」と呼んだ。そのわけは、この鐙の鉸具《かこ》頭(最頂部)から舌先《したさき》(最低部)までの間隔が五尺六寸あったためだというわけである。また『安斎随筆』によれば、木鐙や鉄枠の鐙に用いた材はケヤキだったという。さらにまた上記の『安斎随筆』の著者伊勢貞丈(一七一七~八四)の論考集『貞丈雑記』には、「武蔵鐙は、古く武蔵国より貢物として禁裏に納めし鐙なり、(中略)又庭訓往来に武蔵鐙とあり、武蔵豊島郡より出しなり」とあり、武蔵鐙は、昔武蔵国豊島郡で作られたものらしい。

## 『伊勢物語』に現れた武蔵鐙

武蔵鐙は、上に述べたように、鐙そのものに、鉸具《かこ》と、これを力革に通し、力革の孔に差し込むための金具である刺鉄《さすが》とが直かに取り付けてあるところから、古来和歌のうえで、「むさしあぶみ」は、「さすが（流石）」の枕詞《まくらことば》として使われた。そのよい例が『伊勢物語』に見られる。

『伊勢物語』は、平安中期の作者不詳の歌物語で、在原業平らしい男性の色好みの一生を叙したもので、彼の情事を中心とした数々の説話から成り立っている。その第一三段に次のような内容の話が載っている。

昔武蔵に住むある男から、京にいる女のところへ、〝申すも恥しいこと、さればとて申さねば心苦しき限り〟と書いて、封書の上書きに〝武蔵鐙〟としるして送ったきり、その後まったく音沙汰なく過ぎた。そんなある日京の女から、「武蔵鐙さすがに懸けて頼むには、訪はぬもつらし訪ふもうるさし」という歌をよこした。これを見た男は、なんとも切ない思いに駆られ、「訪へば言ふ訪はねば恨む武蔵鐙　かかる折にや人は死ぬらん」と返歌した。

この説話の中で、京の女の送った歌は、「私が心頼みにしている貴方だけに、お便りを頂かぬことも耐えがたい思いですが、さればとて、（私の心を傷つけるような）お便りを頂くこともうっとうしい限りです」といった意味。これに対する男の返歌は、「便りをすればするで愚痴を云われ、便りをせねばせぬで恨み事と云われる、ほんとうに死にたくなる思いです」といった心情を吐露したものである。

浮気っぽい東《あずま》男と浅からぬ仲の京女との間に交わされた、なにやら痴話めいた相聞の歌物語である。ちなみに男が何故封書の上書に武蔵鐙と記《しる》したかというに、男が東国にさすらい、たまたま武蔵に居を構えていたため武蔵の名を用い、鐙は「逢う身」にかけたものという。これは後出の伴信友の説である。

**浅井了意の著書「むさしあぶみ」**

話は変わるが、大正の関東大震災、昭和の大空襲と並んで、江戸・東京の被った三大大災の一つに数えられる明暦の大火（俗称振袖火事）の実情を仔細に記録した浅井了意の『むさしあぶみ』と題する著作がある。この書の題名の由来についてかねがね不審に思っていたが、たまたま本文を草するにあたって、『随筆大成』（第三期）に収録された同書に目を通したところ、その緒言に、「かようのことはとはぬもつらし、とふもうるさきむさしあぶみ、かきても人に語らじとは思へども、ひとつはさんげのためと思へば、あらあらきかせ申すべし」とあるのを見付け、『むさしあぶみ』の題名が、上記の『伊勢物語』の歌の文句にちなんだものであることを初めて知った。

明暦三年（一六五七）正月一八日、本郷の本妙寺から出火、三日三晩にわたって燃え続け、死者一〇万余を出したという大火災によるショックが余程大きかったとみえ、著者の見聞した実情を人に話すのもつらく、そうかといって話して聞かせないのも心残りであるから思い切って、これを筆にしたと、『伊勢物語』の中の歌の文句に託して著者の心境を述べたのがこの緒言である。

## むさしあぶみの由来に関する異説

考証家として知られた江戸時代の国学者伴信友（一七七三～一八四六）に『比古婆衣《ひこばえ》』と題する考証随筆がある。これに次のような大意の話が載っている。

文政五年八月下野那須温泉に出かける途中、馬を雇って乗ったはよいが、足を下げたままで苦しくてたまらず、博労の老人にそのことを告げると、それでは「むさしあぶみ」をこしらえて上げようと云うや、早速あり合わせの縄二本を撚り合わせ、まず鞍の骨組みの右側の先に一端を結び、縄をゆるめて輪形を作り、さらに馬の胸前《むなさき》を通って、左側に縄を回し、同様に輪形を作り、縄の端を左の鞍の骨組みにすっかり結びつけた。こうして左右にできた輪形に足を踏まえると、すっかり姿勢が安定し、居睡りをしても落馬の心配がない。そこで信友は、昔「むさしあぶみ」と称したのは、この老人がやったように、紐を一方の鞍橋《くらほね》から他方の鞍橋にかけて、馬の胸前を差し、回して結び、これに輪形の鐙を取り付け、乗る人が楽なような構造にして、旅人の便宜に供したものではないかと想像した。従って、「むさしあぶみ」は「胸差《むねさ》し鐙《あぶみ》」のなまったものではないかと推定する。

この論を読んで気が付くのは、江戸時代を中心とする近世にあっては、「むさしあぶみ」なるものの名前だけは一般に知られていたものの、その実体については、まったく不明であったという事実である。さればといって、信友の上記の説は、あくまでも著者の思いつきであって、精密な考証を経たものでなく、到底これに信を置くことはできかねる。

## 植物のムサシアブミの漢名

『本草和名』に、「由跋（中略）和名加岐都波奈」、また『和名抄』に「由跋（中略）和名加木豆波奈」とあるように、古くはムサシアブミの漢名を用い、和名を「かきつばな」と称したものらしい。ただし『本草綱目』によれば、由跋は、「虎掌の新根のことで、半夏より一、二倍大きく、四畔にまだ子芽の生ぜぬもの」（注―虎掌はマイヅルテンナンショウに近いもの―後出）とあり、小野蘭山は、この記述を基に、ムサシアブミの漢名を由跋とすることは、「穏カナラズ」とこれを否定している。奈良時代にわが国に渡来していたと考えられる『本草経集注』の復原本をみると、由跋の説明文中に、『状如二鳥翣一而布レ地、花紫色、根似二附子一」（注―翣は扇の意）とある点よりみて、やはり由跋をムサシアブミの漢名とすることは無理であり、従ってその古名「かきつばな」にも疑問があり、「かきつばた（鳶尾）」と混同されている可能性もなしとしない。

また『植物名実図考』をみると、「一茎八九葉。最晰。俗皆呼小南星、別是一種、非南星之新根也。」と説明し、ムサシアブミと似ても似つかぬ図を載せている。要するに漢名由跋に当たる植物は、天南星の仲間であることには相違ないが、正体はまったく不明である。松村任三博士の『植物名彙』にムサシアブミの漢名として由跋を挙げているのは、上記の理由からして不適当といわざるをえない。

それでは、ムサシアブミの正しい中国名はなんというか。『改訂増補牧野新日本植物図鑑』には「普陀南星」の名を載せているが、『中国高等植物図鑑』にはこの名が載っていない。同図鑑に載っている「開口南星」が、学名(Arisaema ringens)の意味に合っており、妥当のような気がする。

**植物のムサシアブミの異名**

次にムサシアブミの方言であるが、『物類称呼』には、「おほそひ、京都江戸ともにむさしあぶみと云」とある。ただし黒田翠山の『古名録』をみると、「於保曽比(オホソヒ)」は、『本草和名』に「於保々曽美(オホホソミ)」とあるのと同じで、「虎掌」の和名であると説明している。本来の「虎掌」は、天南星(虎掌南星)と称し、中国の黄河流域、河北、広州及び台湾に産するArisaema consanguineumの学名を有する植物で、わが国に産するマイヅルテンナンショウ(A. Keterophyllum)に近いものである。ただし上記の「おほそひ」なる方言は、必ずしも分類学上における特定の種に限らず、ムサシアブミを含む、この仲間の植物の相当広い範囲にわたる俗称であったものと考えられる。

このほか、鹿児島県立博物館刊行の『鹿児島県植物方言集』には、ムサシアブミの方言として、ヘビノシャクシ、ヘビノマクラなどが挙げられているが、これらはこの植物の苞の形によるもの、またテハレ、テハレゴンニャク、テハレゴンゼなどの方言は、この植物の根に有毒成分サポニンを含むためであろう。その他ゴゼミ、ミツバゴゼミ、アンマジキ、インバジ、ウシャミゴーなどの名も見えるが、ゴゼミはクワズイモの異名として知られているものの、その由来は不明。アンマジキ以下の名の語源についてもよくわからない。

# 23　ワレモコウ

ワレモコウの名が最初に現れる古典は『源氏物語』で、物語の第四十二帖「匂宮」の巻の中にその名がみられる。匂宮は、光源氏の孫に当たり、兵部卿宮ともいわれ、源氏の表面上の子である薫宮のライバルといった存在である。色好みの点では、源氏に劣らず相当なもので、薫宮が、その名の如く、天然自然に発散する香りを身につけていたのに対し、匂宮は、常に名香を衣服に焚きしめ、馥郁たる匂いを全身にただよわせていた。そのような事情を知ったうえで、『潤一郎源氏物語』の次の一節をのぞいてみると興味深い。

> そんな具合で、不思議なくらいまで、〝人のとがむる香〟の持主でいらっしゃいますので、兵部卿宮は、ほかのことよりもその点で負けてはいられないようにお思いなされて、こちらでもまた、わざといろいろのすぐれた薫物《たきもの》をお薫《た》きしめになったり、お前の前栽《せんざい》でも、春は梅の花園を眺め給い、秋は世の人が賞美する女郎花《おみなえし》、小男鹿《さおしか》が自分の妻にするという萩の露などにはほとんどお眼をお移しにならず、老《お》いを忘れる菊、衰えて行く藤袴、見ばえのしない吾木香（原文は〝われもかう〟）などを、すっかり色香が褪《あ》せてしまう霜枯れの頃までも珍重なさるという風に、ことさらめかしく、匂いを愛《め》でるということを

主にしてお好みになります。

つまり匂宮は、多くの人の好むオミナエシやハギの花などは一向に顧ず、キク、フジバカマ、ワレモコウなどは、霜枯れになるまで、残りの香りを楽しむというわけである。

これでみると、ワレモコウは大変良い匂いのある植物のように書かれているが、キクやフジバカマなどの茎葉が乾くとよく匂うのとは違い、

ワレモコウ（B）

ワレモコウの茎葉をはじめ、花・根などに芳香があるとは思われない。さらに思い合わされるのが、『狭衣日記』に載っている「武蔵野の霜がれにみしわれもかう　秋しも劣る匂ひなりけり」の歌である。この歌に詠まれた「匂い」も、色の鮮かさを形容したものでなく、臭覚的な匂いであると考えられる。これらのことから考えると、平安時代の人々は、ワレモコウを芳香のあると信じていたものとみえる。

それというのも、当時中国から渡来したモコウ（木香）からの連想で後に述べるように、木香に代用されたワレモコウ（地楡）にも、木香同様に、全草に芳香があるものと誤信されたの

ではなかろうか。木香は、インド北部のカシミヤ地方に自生するキク科の植物で、学名をSaussurea Lappaと称する大形の多年草で、古く『神農本草経』に記載され、奈良時代に中国を経て渡来し、現在正倉院にもこれが残っている。

『延喜式』をみると、巻三七に、典薬寮では、主上の供御あるいは一般庶民の救療に供するため、年々諸国から貢進すべき薬剤を、それぞれの国の特性に応じて割り当てており、これによると、尾張・下総・常陸・近江・上野・下野・播磨の七カ国から青木香を寄進することになっている。また同式の巻一五内蔵寮の項においても、尾張・相模・美濃の三国からそれぞれ年料として青木香を供進するよう規定されている。これら『延喜式』に定められた青木香なる薬剤は木香を指すものと解されるが、北村四郎博士は、その著『本草の植物』の「木香」の項に「『延喜式』巻三七典薬寮、諸国年進雑薬に、青木香を近江、播磨、下総、常陸、上野、下野から献じているのはウマノスズクサの根である」と記し、さらにまた同書の「青木香」の項に、「平安朝の『延喜式』巻三七、典薬寮に、諸国進年料の雑薬として、近江国からは、青木香一六斤をはじめ四六〔七二〕種があげてあるが、これらが近江国に野生または栽培していたものとして受けとれば、とんでもないまちがいである。現在の日本での青木香はウマノスズクサやオオバウマノスズクサの根があてられているから、平安期のも現在のと同様かもしれない。」と述べられておられる。

しかしながら、北村博士の『延喜式』典薬寮の貢進薬剤とされた青木香は、本来の木香ではないとの説にはいささか疑問がある。何故ならば、『延喜式』巻三七に、典薬寮において、毎年それぞれの官庁に配分する薬剤の名前を次のように記し、これらはいずれも、諸国の年進雑物の中から配分されたものであり、従って当然その名が諸国年料の供進品目中に記載されていなければならないはずにも拘わず、青木香のほか、木香に当たるものが見つからない故である。

　左右近衛府各ニ　四十七種

　　人参・木香・防己《アオツヅラ》各十両（他は略）

　左右衛門府　各三十四種

　　桃仁・木香・防己・防風各一両二分（他は略）

また、『本草和名』の記事に、「木香　一名蜜香　一名青木香（中略）出播磨国」とあり、このほか『輔仁本草』、『康頼本草』など（『続群書類従第三〇輯、雑部』所載）にも、「本朝出於播磨州」と記載されており、少くとも、当時播州にあっては、木香の栽培が行われていたことは間違いない。あるいは、播州一国に限らず、右に挙げた諸国にも、中央より種子が配られ、栽培されていたのではないかと推測される。

　無論木香は、本来が東南アジア原産の植物であるだけに、気候・風土の異なるわが国の土地柄によっては、栽培が困難な場合があり、必ずしも『延喜式』に規定された国から、定められた量が貢進されなかったものと想像される。むしろ栽培に失敗した例の方が多かったかも知れない。

　こうした稀少価値が高く、容易に手に入り難い薬剤となると、当然考えられるのは代替品として使える植物を、わが国の自生品の中から見つけ出そうとすることである。そこで木香の代替品としての役割を担うべく登場したのが、地楡、つまりいまいうワレモコウではないかと思う。

　木香の薬効は、小泉栄次郎の『増補和漢薬考』によれば、「健胃・発汗・収斂薬トシテ用ユ。又其ノ粉末ヲ衣裳ノ蠹害《トガイ》ヲ防グニ用イ、或ハ薫物料ニ供ス」とあり、一方地楡の薬効は、「止血・収斂薬トシテ、吐血・下血・赤痢・月経過多等ニ用ユ」とあり、必ずしも薬効が完全に一致するわけではないが、ある面では代替性があるともいえる。とくに地楡の根には、一七パーセントという高い率のタンニンを含み、古くから吐血・喀血の収斂剤として用いられ、その効力は高く評価されたものである。

　余談だが、戦中戦後タンニンが不足したため、各地で地楡の根を掘り取り、売れば大変良い値になったといい、また本田正次博士のお話によれば、戦時中軍の命令で、地楡探索の目的で、朝鮮半島の北部の高原地帯を旅行したものだという。

　こうしたすぐれた薬効を有する地楡が、中国渡来の稀少品である木香の代替薬として古い時代用いられた可能性は高い。従って、薬剤としての正式名称はあくまでも地楡であるが、木香に代わる我国々産の意味で、俗に「吾（我）の木香」といい、転じて「われもこう」となったのではなかろうか。ちなみに『延喜式』によれば、地楡に山城・大和・摂津をはじめとする一五ヶ国から典薬寮に対し貢献されている。

ただし、地楡には香りがないが、『源氏物語』の注釈書の多くに、香りがあるように書かれている。これはおそらく、「吾（我）木香」の木香の語にまどわされて、あたかもこの植物の茎葉や根に、木香同然の芳香がある如く誤信され、その誤信が平安時代から現代に至るまで、実体をわきまえぬ文人により、語り継がれ、書き継がれてきたためであろう。

またワレモコウには、我毛香・吾木香・我木香・吾亦紅・割木香など、さまざまな漢字名が当てられるが、これらの漢字名の掲載された文献名を、年代順に挙げれば次の通りである。

まず、室町時代の辞書『撮壌集《きつじょう》』（一四五四）には「我毛香」とあり、次いで同時代の歌人・故実家として知られる一條兼良の著した『尺素往来《せきそおうらい》』（一四八九）に、著者の自邸の庭を飾る草木の名を、春・夏・秋と分けて挙げた中に、仙翁花・女郎花・鶏頭花・鼡尾草《ミソハギ》・我法師《ギボウシ》と並んで「我毛香《ワレモカウ》」の名がある。さらに江戸時代に近く、慶長二年（一五九七）に印行された『易林本節用集』にも、「我毛香」とあり、江戸時代より前の文献には、すべて仮名文字もしくは「我毛香」の漢字名を用いている。

江戸時代には、初期の延宝八年（一六八〇）に上版された『合類節用集』に「我木香」、次いで正徳三年（一七一三）の序のある『滑稽雑談《こっけいぞうだん》』には「我木香」、中期の天明三年（一七八三）に刊行された『華実年浪草《としなみぐさ》』には「吾亦紅」の文字がそれぞれ用いられ、後期の文化五年

(一八〇八)に上梓された『改正月令博物筌』には、「割木香」及び「吾亦紅」の語が併載されている。ただし、ワレモコウを地楡の和名であると明記したのは、おそらく『大和本草』(一七〇九)が最初であると思われるが、これには、片仮名のみで、漢字名の記載はない。

前川文夫博士の『日本人と植物』をみると、「ワレモコウに吾亦紅と書く人があるのは久米正雄だったかの小説の題にしゃれて変えて使われたことによるもので、これは古くからの文字ではない」とある。しかるに、「吾亦紅」の名が江戸中期に存在していたことは右に述べた通りであり、久米正雄は、大正・昭和年代に活躍した大衆作家であり、当然このようなことはありえない。試みに明治書院『現代日本文学大事典』について調べてみると、大正一〇年(一九二一)三ヶ《み》島葭《しまよし》子という女流歌人が著した歌集の題名に「吾亦紅」の名がみえるだけで小説の題名には挙がっていない。もっとも、短篇小説の題名にあるかも知れない。詳しく調べてみないとわからない。それはともかくとして、前川博士が、なにを根拠にこのようなことを筆にされたのか合点が行かない。

なおまた、古来ワレモコウを名のる植物には、地楡のほかいろいろなものがある。

例えば、『大和本草』に、「ノコギリ草ヲ地楡トスルハアヤマリ也、別ニワレモコウ云物アリ、芒類ナリ、花如《ク》レ穂《ノ》似《ル》レ荻花《ニ》一」とあり、伊藤三之丞が元禄八年に著した『花壇地錦抄』の吾木香の項をみると、「花すなはち穂なり。葉はおぎのごとく、すすきのるいなり」と記し、同人の別著『草花《くさばな》絵《え》前集《ぜんしゅう》』には、メガルカヤの図を載せ、これに「われもかう、花はすなはち穂なり、六月より出る」と説明を付している。このように江戸初期の園芸家は、メガルカヤをワレモコウと称したものらしい。

しかしながら、藤原定家卿の日記『明月記』の寛喜三年（一二三一）八月十九日の條に、「過《グ》二般若寺《ヲ》一、芋（注—音 カン、ジュズダマの意）、我毛加宇、苅萱、蘭（注—音 ラン、フジバカマの意）、女郎花色々開敷、情感非《ズ》レ一《ニ》」とあり、カルカヤの名が、フジバカマやオミナエシと併記してあるところをみると、少くとも中世では、メガルカヤがワレモコウの別名でなかったことは確かである。

そのほか、『本草綱目啓蒙』には、「ワレモコウニ同名多シ、薢草、蒼朮、カルカヤニ似タル草、皆ワレモカウノ名アリ」とあり、薢草はジャコウソウ（シソ科）、蒼朮はオケラ（キク科）のことであるが、これらの異名は、ごく一部の人の唱えた名前に相違ない。

さらにまた一風変わった説を紹介すると、屋代弘賢は、その著『古今要覧稿』の中で、ワレモコウは、漢名を茅香《ぼうこう》と称するコウボウ（イネ科）のことであるとして、「ワレモカウは和名にあらず、（中略）モカウとは茅香の転ぜしにて、ワレとはわら〳〵としたる形故ワラの転語なるべし」と述べている。しかしイネ科のコウボウは、全草に香気のある点は確かであるとしても、それほど見栄えのする植物でもなく、またごく普通にみられるものでもないので、これを以て『源氏物語』にいう「われもかう」の実体であるとする論にはいささか疑問がある。また「モカウ」が漢名の茅香によるとか、「ワレ」がわら〳〵の転化したものといった説も、なにやらこじつけめいており、素直には納得できない。

要するに、ワレモコウの名は、古代中国を経由して渡来した薬用植物木香と、その薬効の類似性の故に、わが国産の地楡を「われの木香」と称したのが転化したものと解する。これが一応私の到達した結論である。

## 24 植物名の語源と民俗――スイカズラ科の植物を中心に

植物の名前は、どのようにつけられるのだろうか。現在全国で広く使われているものから、その地方でのみ通用するものまで、植物はさまざまな名前をもっている。私たちが植物たちと親しくつきあうには、そうしたさまざまな名前を知る必要がある。しかし、記憶力抜群だった小中学生のころならともかく、記憶力の衰えた大人にとっては、ただやみくもに、機械的に植物の名前を覚えようと思っても、覚えるはしから忘れてしまうのが関の山である。

それでも植物と親しくなりたい人は、どうすればよいのだろうか。どのような名前でもそうだが、植物の名前にも、ひとつひとつにさまざまな由来がある。最も多いのはその植物の花や葉などの色や形にちなんだものであろう。これなら、その植物の名前を確認しながら見れば、そう簡単には忘れない。たとえばサギソウなどはいかにもそれらしく、一見しただけでだれでも忘れることはあるまい。

またそのほかに、その植物がどのように利用されたかに由来するものがある。たとえばチドメグサなどがその典型だ。またこうした名前のなかには、現在はそうした利用法が消えてしまっているものも多く、昔の古い暮らしを今日に伝えてくれる。さらにその地方に独特の地方名までわかれば、こうした時を超えたつながりだけでなく、距離を超えたつながりを実感できる。

この稿では、とくにスイカズラ科の植物を中心に、そうした植物の名前の由来について私見を述べてみたい。これによってさらに植物に関する理解が深まるはずである。

## ツクバネウツギ……形態に由来

先に述べたとおり、スイカズラ科でもその植物の形態に由来するものは多い。たとえばスイカズラ科にはウツギの名のつくものが数種ある。そもそもウツギとは空木《うつぎ》の意味で、アジサイ科のウツギは茎が中空なところからきている。スイカズラ科のウツギは髄《ずい》があって中空ではないが、枯れると髄が水分を失って中空の状態になるのでウツギの名でよんだものであろう。

ツクバネウツギ（Ⅰ）

ツクバネウツギやイワツクバネウツギの「ツクバネ」は、花の落ちたあと残ったがく裂片（前者は五枚、後者は四枚）を、羽根《はね》突きの衝羽根《つくばね》に見立てた名である。またニシキウツギの「ニシキ」は、花が淡黄色から紅色に変わる性質のため、ちょうど「二色」の花が咲いているように見えるところからきている。ヤブウツギの「ヤブ」も、葉が密生するうえに、葉や花に毛が多く、なんとなく「藪」を連想させるからであろう。

ヒョウタンボクも二つの丸い果実が合着し、「瓢箪」のように見えるのでその名がある。花が白から黄に変わり、両者が入りまじるところから金銀木ともよばれる。

私は、かつて裏磐梯を旅行したとき、たまたま通り合わせた小学生にヒョウタンボクの方言名を尋ねたところ、「フタコロバシ」と答えたうえ、「これとカワラウツギの実は絶対口にしてはいけない」と学校の先生から教えられたことを話してくれた。カワラウツギとはドクウツギのことで、両方とも果実に猛毒があり、とくに東北地方では、これによる中毒事故が絶えなかったという。

ところがドクウツギにはヒトコロバシの方言名もあり、ある本に「食べるとたちどころに死んでしまうので、〝いちころ〟の意味である」と書いてあった。しかし、どうやらこの説は怪しく、ヒトコロバシは、ヒョウタンボクの方言名フタコロバシと密接な関係があるように思えてならない。そこで私の考えるには、ヒョウタンボクの別の方言名フタゴシバもしくはフタゴノシバが訛《なま》ってフタゴロシバとなり、さらに転じてフタコロバシとなったのではなかろうか。フタゴシバの「フタゴ」は、くっついた果実を双子になぞらえたもので、「シバ」は小低木の意味である。これに対してドクウツギの実はひとつひとつ独立しているので、フタコロバシに対してヒトコロバシの名があとから生じた。このように解することで、両者の関連がはっきりと説明できるのではないだろうか。

**ガマズミ**……漢名の訛が始まり

秋、枝先に赤い実をいっぱいつけ、小鳥はもとより、子どもも喜んでこれを食べるガマズミも、やはりスイカズラ科の樹木である。この実を焼酎に漬けると、赤インキのように澄んだ美しい色の果実酒ができ、また漬物を赤く染めるにもこれを用いることがある。

　このように、ガマズミの果実が物の色づけに用いられるので、牧野富太郎は、『万葉集』の「真鳥《まとり》住む卯名手《うなて》の神社《もり》の菅《すが》の根を衣《きぬ》に書きつけ服《き》せむ児もがも」という歌に詠《よ》まれた「菅の根」は「すがのみ」が正しく、これはガマズミのことである旨述べ、「ズミ」は染めの転訛で、古い時代にミヤマガマズミの果実を衣類の摺り染めに用いたことに関係があるように説明している。

ガマズミ（J）

　こうした説は、おそらくガマズミにヨウゾメの方言名があるので、これを「よく染まる」の意味に解釈したうえでのことらしいが、ヨウゾメは、あとで述べるように、ヨツズミの訛ったもので、「染める」という言葉にはなんの関係もないから、この説の根拠は薄い。

ガマズミの語源については、『大言海』に「赫之実《かがつみ》の転」とあり、ほかにも「噛《か》む酸実《ずみ》」の転訛とか、「神つ実」の訛ったもの、あるいは「鎌酸実」の意など、多くの説がある。ただし、これらの説には一応の理由づけはあるものの、いまひとつ説得力に欠けるような気がする。

ところで、私がガマズミの名の由来をあれこれ調べているうちに気づいたことは、ガマズミの名が初めて文献に現れるのは、小野蘭山の『本草綱目啓蒙』で、平安時代の『本草和名』をはじめとする、それ以前の本草書には、中国名の「莢蒾《きょうめい》」は載っているが、それに対応するガマズミの名がまったく見当たらないことである。しかも『本草綱目啓蒙』には、ガマズミのほか、ズミ（紀州）、カメガラ（伯州）、ムシカリ（尾州）、カザメシ（羽州）、カマトウシ（薩州）などの異名が載っている点が注意をひいた。

そこで私の考えるには、日本の本草家がよくやるように、古くはガマズミの漢名である莢蒾の音「キョウ（ケフ）メイ」を用いていたところ、この音がいつしか「カメ」に変じ、さらにこれとズミ（酸実）とが結びつき、カメズミ→カマズミ→ガマズミというふうに変わっていったのではないかということである。そう解すると、上記の転訛の過程における「カメ」の名が、『本草綱目啓蒙』が挙げている方言名カメガラ（カラは幹の意味）に残り、ムシカリ（葉がよく虫に食われていることによる名という）の別名オオカメノキに名残をとどめているとは考えられないだろうか。オオカメノキの語源を、葉の形がカメの甲羅に似ているからと説く人もあるが、私は賛成できない。

ガマズミを関東ではヨッドドメとよんでいるが、これはヨツズミの訛ったもので、ヨウゾメ、ヨソゾメ、イヨゾメなど、これから転訛した方言名は全国に広がっている。ヨツズミの「ヨツ」は四つの意味で、ガマズミの枝の先端が、おおよそ四本ずつに分かれているところから起こったものであろう。

ガマズミの仲間にオトコヨウゾメというのがあるが、ガマズミに比べて、姿も小さく、葉の形といい、枝ぶり、実のなり方など、いずれも優しく、むしろオンナヨウゾメの名のほうがふさわしい。本当のオトコヨウゾメはムシカリであると唱える人があるが、もっともである。

また『本草綱目啓蒙』のガマズミの説明中に、「木皮靭《もくひじん》ニシテ折レ難《がた》シ、故ニ一名子《ね》ソト云《いう》、子ソハ薪《まき》ヲ縛《ばく》スル藤蔓《ふじかずら》ノ事ナリ」とあるように、ガマズミにネソ、オトコヨウゾメにコネソ、ムシカリにクロネソの別名がある。「ネソ」とは、刈柴《かりしば》、薪などを束にするために用いる木の枝や皮もしくはつるのことで、マンサク、シナノキ、クロモジ、サワシバなども、異名をネソという。ネソの語源には、練麻、絢麻、揉麻など諸説がある。

ガマズミの仲間にヤマシグレおよびミヤマシグレがある。「シグレ」はシブレの訛ったもので、シブレは京都あたりのガマズミの方言名であるという。「シブレのシブは味の渋ではなくて、染める意味の語と考えざるをえない」というのは『民俗と植物』に書かれた武田久吉博士の説。一方『紀伊植物誌（III）』（中村正寿編）を見ると、「本県（三重）では、ガマズミをしぶれまたはがらみと呼ぶ地方が多い。それはしばることをからむということから起こった方言であろう」とある。ほかに、実を口に入れると、甘酸っぱく、舌がしびれる感じがするので、しびれが転じたといった考え方もないではないが、とにかく「シブレ」の語源の確かなところはわからない。

**スイカズラ……**利用有用面から（1）

スイカズラ科の植物を代表するスイカズラは、細長い花筒の奥に蜜があり、子どもが好んでこれを吸うのでその名がついたという。英名のジャパニーズ・ハニーサックル（Japanese honeysuckle）も、同様に、花筒をちぎって蜜（honey）を吸う（suck）ところから生じた名前であるといわれる。

茎葉を乾かして利尿、健胃、解熱などの薬とし、花を乾かしたものも同様に薬用となり、昔はこの花で忍冬酒《にんどうしゅ》を造った。江戸時代の川柳に「菅傘《すげがさ》へあてがつてゐるすひかづら」というのがある。初夏のころ江戸近在の農民が「すいかずら、すいかずら」と呼びながら街中を売り歩いたといい、先の句は、商品が日に当たってしぼまないように、菅傘でこれをおおっているさまを詠んだものであろう。「日蔭《ひかげ》々々とすひかづら売り」の類句もある。ちなみに中国名の「忍冬」は、「冬を耐え忍んで枯れない」ところから生じたものという。

やはり同属の樹木にウグイスカグラがある。別名をウグイスノキともいい、『大和本草』には、その名の由来を「ウクイスノ始テ啼《なく》時ニ此花《このはな》モサク故ニ名ツケシニヤ」と説明している。しかしウグイスの初めて鳴くころ咲く花はほかにも多く、この説は疑わしい。私はかつて知人から、「ウグイスに限らず、いろいろな鳥がこの木に集まるが、とくにウグイスの場合は、前後左右に踊り跳ねるような格好が神楽踊りにそっくりだからこの名がついたのではないか」という意見を聞いたことがある。確かに昔は、せっかちな動作を「神楽舞う」などと形容したから、この説も一概には否定できない。また一説に、この木は細い枝が密に入り組んでいて、ウグイスの姿を隠すのに適しているので、「ウグイスの隠れる木」が略されてウグイスカクラ→ウグイスカグラになったともいう。

スイカズラ（I）

ただし、私はこれらの説とは別の考えをもっている。すなわち、ウグイスカグラは、「ウグイスかくら（狩座）」の転じたものではないかという解釈である。「かくら」は、狩りをする場所、つまり「狩《か》り座《くら》」の訛ったものである。この木には、花のころに限らず、実のなるころにもいろいろな小鳥が寄ってくる。ウグイスジョウゴの異名もあるくらいだから、とくにウグイスがこれを好んだものらしい。だから、もち竿や網を使ってウグイスを捕らえるには、この木はもってこいの場所になる。したがって、猟場を意味する「かくら」の語を添えウグイスカクラと称したのが、転じてウグイスカグラとなったのではないだろうか。このように考えると、この木の別の方言名であるゴリョウゲも「御猟木」と解され、つじつまが合うような気がする。

**カンボク**……利用有用面から(2)

やはり同じ仲間にカンボクがある。漢字で「肝木」と書くが、これはわが国で昔から使われていた漢字名で、中国名は「鶏樹条莢蒾」である。『本草或問《わくもん》』に、「木多津《きたず》、肝木二樹倶《とも》に骨を継ぐに相同じ、しかも失血崩漏《ほうろう》を治するの効、肝木最も木多津より勝《まさ》るなり」とあるように、キタヅ(ニワトコ)と同様に、その枝葉を煎《せん》じて、これで傷口を洗うと止血の効果はてきめんだったという。一説に、織田信長がこの木を軍中の要薬としたといわれているように、戦国時代に、戦場で傷の手当てをする金瘡医《きんそうい》がこうした民間薬を用いたようだ。

この木の効能が目に見えてすぐれているところから、人の命にかかわる文字どおり肝要な木という意味で肝木と名づけられたものではなかろうか。古くから、肝は人間の魂の宿るところ、人体の最も大切な部分とされたからである。またカンボクの材には、殺菌力を有する特殊な成分が含まれているため、クスノキ科のクロモジ同様、これで作った総楊枝《ふさ》は、江戸市民の間で愛用され、歯磨きのほか、婦人のお歯黒を塗るのにも使われたので、「お歯黒楊枝」の別名もある。

同じくこの仲間のハクサンボクは、本州西部から九州、沖縄の海沿いの地に生じ、常緑であることと、雄しべが花冠より短い点がガマズミと異なる。枝の一方から飴状の髄を突き出すことから、鹿児島ではアメダシと称し、これを灯芯《とうしん》（方言で「ジミ」という）に使ったので、ジミノキともよばれる。また同地方では、この木の実を餌にしてヒヨドリやメジロをとったので、ヒヨドリノキとかハナシジミ（ハナシはメジロのこと）などの方言名がある（『鹿児島県民俗植物記』内藤喬著）。ハクサンボクは白山木の読みだろうが、加賀の白山には産しない。あるいは、枝先にたくさん集まって咲く真っ白い花の姿を、雪をいただく白山になぞらえた名であるかとも思われる。

**ニワトコ**……利用有用面から（3）

われわれの周辺で普通に見られるニワトコは、その葉と若い茎を利尿剤に用いたり、茎葉を煎じたものが骨折や傷の薬になるので、「接骨木《せっこつぼく》」（トウニワトコの漢名）ともよばれる。若芽を食用とし、材を細工物とするなど、多くの効用があるため、昔は庭の周辺に植えたものという。『大言海』に「庭五加木《にわうこぎ》ノ略転」とあるのも、昔この木を、ウコギ同様庭木に用いた故だが、この説もそのものには賛成できない。『本草和名』に「接骨木、和名美也都古木《みやつこぎ》」とあり、また『散木奇歌集』に「春たてば芽ぐむ垣根のみやつこ木我こそ先に思ひそめしか」と詠まれているように、古い時代には、ニワトコをミヤツコギと称し、「造木」の字を当てた。現在、八丈島でニワトコをミヤトコとよぶのは、こうした古名の名残であるといわれている。

ではなぜニワトコを古くはミヤツコギと称したかというと、ミヤツコギの「ミヤツコ」は、神に仕える意味の「宮仕う」に由来していると私は考える。そのわけは、後世、幣帛《へいはく》といって、紙や布を切り、これを木に挟んで神前に捧げたものが、大昔には、軟らかい木の肌を削って作った、いわゆる木幣であったと推定され、その材料に主としてニワトコが用いられたので、この木を「宮仕う木」と称し、これがミヤツコギに転じたものと思う。

その証拠に、アイヌの間では、エゾニワトコで作った木幣を「ソコニ・イノウ」と称して魔除けに用いる風習があり、同様の風習は古来シャーマニズムの支配する国々に共通していた。現在、全国至るところで、削り花と称し、正月の行事のひとつとしてこれを作る風習のあるのは、その名残であろう。削り花の材料には、ところによりヌルデ、ヤナギなども使うが、ニワトコが最も多く用いられ、現に関東では、ニワトコを、削り花の方言ダイノコンゴウでよぶ地方が多い。

なお『万葉集』に「君が行き日長《けなが》くなりぬ山たづの迎へを往かむ待つには待たじ」と詠まれた「山たづ」はニワトコのことで、この木の羽状複葉が対生して向かい合っているところから、「迎へ」の枕詞として使われるようになった。「山たづ」の「たづ」は、ニワトコの異名タヅノキと同様、対生の羽状複葉を、ツルが羽を広げた姿に見立て、ツルの古名「たづ」の名でよんだものであろう。

**リンネソウ**……学名、人名に由来

ここまでみてきたように、日本人の生活と深い関係のある植物には、さまざまな由来があり、たいへん興味深いものがある。しかし、外国から移入されて間もない園芸植物などには、一般に広く使われている和名がなく、その学名や外国名でよぶしかないものもある。一方、和名が定着せず、単によびやすさから、その植物の属名でよばれるものも多く、シクラメン、サルビア、ベゴニアなど、その例は枚挙にいとまがない。アベリア・グランディフロラなどは、ハナツクバネウツギとかハナゾノツクバネウツギといった和名がかなり普及しているにもかかわらず、属名のアベリアのほうがよびやすく、一般には通りがよい。

最後にちょっと変わり種を紹介しよう。スイカズラ科には、リンネソウという変わった名の植物がある。日本では石川・長野県以北の針葉樹林帯に生育する小低木で、

リンネソウ（I）

その名は、分類学の元祖リンネにちなんだ属名リンナエアによる。リンネはこの植物をこよなく愛していたので、彼の友人の植物学者がこのように名づけたものという。

花が一枝に仲よく二個並んでついているので、メオトバナという異名があり、英語でもこれをツインフラワー（twinflower）という。このほかにも人名に由来した植物名に、キョウチクトウ科のテイカカズラ（藤原定家《ていか》）、ラン科のクマガイソウ（源氏の熊谷《くまがい》直実《なおざね》）とアツモリソウ（平家の平敦盛《あつもり》）などがある。

（「週刊朝日百科」第一〇号）

# II

# 植物和名解釈の批評と意見

# 一　語源訂言

## はじめに

一九九四年四月から刊行を始めた朝日新聞社の『週刊百科　植物の世界』が毎週配達されるのを楽しみにしたものである。浩瀚な書物を買い込んでも、なかなか読み切れないが、三〇ページ前後のものならば、必ず一週のうちに二度三度と読み返してみるから、いつの間にか数千ページを読破できる結果になり、便利このうえない。前回の『世界の植物』と体裁は似ているものの、分類方法がエングラー体系からクロンキスト体系へと変わったため、耳馴れない科名や属名・学名などが現れ、とまどうこともあるが、いち面なんとなく新鮮に感じもする。それに、毎号美しく鮮明な写真が豊富に掲載され、平素見慣れた植物のほか、これまでに見たことも聞いたこともない外国の珍しい草木も紹介され、大いに参考になるとともに、結構目の保養ともなった。

とくに私にとっては解説文中に植物名の語源の説明が随所に出てくるのが楽しかった。編集担当者の話によれば、執筆者の先生方に、予め単に植物学という専門分野に限らず、民俗・利用・語源などについても触れて欲しい旨注文をつけたとのこと。語源の説明の多いのはそのせいである。だが、これら語源の説明を読んでいるうちに、納得のいかぬものの多いのに気が付いた。なかには、常々植物名の語源などには格別の興味や関心を持たれぬ若手の先生方が、あまり深い考えもなく、手近な図鑑などから手っ取り早く引用して、当座の間に合わせたと想像させられるものがだいぶある。無論引用そのものが欠かせぬ手段であることは当然だが、入念に関係文献を渉猟したうえ、引用に当たっては、出典は必ずこれを明記し、それに記してある内容については十分検討してからのことにして欲しい。また余程の根拠のない限り、「…である」という断定的な表現は絶対に避けるべきである。

語源という、とかく主観的要素の入りやすい分野での解説にあっては、とくに引用方法や論証の過程において、入念な配慮を怠ると、読者に対して、不測かつ無用の誤解を与え、きわめて不親切な結果になり、無責任のそしりをまぬがれえないことになる。要するに、無理してまで語源に触れる必要はないが、これを扱う限りにおいては、決していい加減な態度で臨んで貰っては困るということである。

以下において、このシリーズの号を追っかけ、私のおかしいと気付いた点あるいは説明が不十分であると考えたものを列挙し、大方の参考に供することにする。筆者の先生方や編集に当たられた方々に対し、無遠慮にわたる点があったならばお許しいただきたい。
各項の文末に記した号数は『週刊百科　世界の植物』の各号数である。

## ヒゴタイ（キク科）

ヒゴタイ（J）

「ヒゴタイの名は、江戸前期の本草学者・貝原益軒の『大和本草』などにある〝平江帯《ひんごうたい》〟からきたという説があるがよくわかっていない」とあるが、私はヒゴタイの語源は、韓国語のChol-ku-tai によるものではないかといった説を、かつて拙著『植物和名語源新考』の中で述べたことがある。chol-ku-tai は、餅などをつく杵（両端が太く、真中の手で持つ部分がくびれている）のことで tai は茎の意味である。またヒゴタイを韓国の方言で Dung-dung-pang-mang ということ、いずれもヒゴタイの花をつけた茎の姿を杵にたとえたものであろう。

ヒゴタイは、朝鮮半島に広く分布し、朝鮮では、その若葉をゆでて菜としたり、葉を乾したものを餅に入れて食べる習慣があった。古い時代にその韓国名が九州に渡り、なまってヒゴタイとなったことはほぼ間違いないように思われる。韓国の学者にただしても同意見だった。従って、上記の平江帯はじめ、肥後台（花戸）、日向堪（『和漢三才図会』）などの漢字名は、いずれも単なる当て字に過ぎないと考えられる。（一号）

## シュンギク（キク科）

「シュンギクは、春に若苗を食べるのでこの名がある。別名キクナ」と説明しており、これに対して、一読者から、朝日新聞社の編集部に対し、「小生五〇年以上家庭菜園でシュンギクを作ってきました。（中略）シュンギクは、普通若苗を食べるのは秋から冬であり、他の菊と違って、春に花が咲くから春菊というのではないでしょうか」という内容の投書が寄せられた。そこで上記の解説を執筆された先生に照会したが、「よくわからない」とのことで、投書のコピーを添えて私宛に問合わせがあった。いうまでもなくシュンギクは秋から翌年の春にかけて、随時柔らかい葉枝を摘んで食膳に載せるから、春若苗を食べることもあるには違いないが、もともとは冬野菜として鍋物をはじめ、和《あ》え物、浸し物などに重宝されるので、とくに「春若苗を食べるから」との語源の説明は当たらないと思う。これは、投書者のいうように、本来秋咲くのが常識とされているキクの仲間でありながら、この植物に限って、晩春の候黄色

オタカラコウ（D）

メタカラコウ（D）

の花をつけるのでこれを春菊《シュンギク》と称するようになったと解することが至当と考え、その旨を編集部宛回答した。このとき、返事を書くに当たって、念のため、いろいろな図鑑や辞典について調べてみたが、二、三の権威ある図鑑・辞典に、「春若苗を食べるからシュンギクという」と記してあったのは意外だった。執筆者が判断に迷い、結局「わからない」と回答されたのはそのせいではなかろうか。　　（二号）

## メタカラコウ・オタカラコウ

（キク科）

これらの植物の名前の由来については、多くの人が関心をもっているにもかかわらず、タカラコウがツワブキの漢名「櫜吾《たくご》」から転化し、方言「たからこ」によるものではないかという至極簡単な説明すらないのは残念である。

『物類称呼』に、「つは、江戸にてつはぶきと云、大和にてたからこと云」とあるように、この「たからこ」の名は古くから使われており、この名が、やがて、ツワブキに縁の近いLigularia属の一群の植物を指した名称となり、さらに語尾が長音化してタカラコウとなったものと考えられる。

さらにこれらの植物のうち、姿の大振りなL. fischeriをとくにオオタカラコウ（大宝公草と書いた古い本もある）と呼んで区別し、これがオタカラコウに転じ、その後これに対して、姿形のやさしい感じのL. stenocephalaをメタカラコウと称するようになったと考えるのが順当であろう。

（現について近頃まで、学名をL. calthaefolia、和名をタカラコウと称する植物があったが、実際にこの和名に該当する植物はトウゲブキやカイタカラコウであるというので、現在は廃名となった）

（六号）

**オミナエシ**（オミナエシ科）

「オミナエシの名は、黄色の花が粟飯を思い起こさせることから女飯《オミナメシ》が転じたものとされ、オミナエシによく似た白い花のオトコエシは、女飯に対して米飯にたとえた男飯《オトコメシ》が語源とされている」との説明には大いに疑問がある。なぜならば、「をみなめし」の語は、室町時代以後に用いられたもので、『下学集』以前の文献には見当たらず、古くは「をみなへし」と称していたからである。『万葉集』巻四の「をみなへし佐紀沢に生ふる花がつみ、かつても知らぬ恋をするかも」をはじめ、集中のオミナエシを詠んだ歌には、それぞれ娘子部四、娘部志、姫押、美人部思、乎美奈歆之などといろいろな漢字を当てており、そのどれもがこれを「をみなへし」と読ませている。

室町時代に始まる女房詞《にょうぼことば》のうち、粟の飯を漢名の蒸粟にちなんで「をみなへし」と称し、これがいつの間にか「をみなめし」に転じたものであることは国語学者によって立証されている。従って「をみなめし」を以てオミナエシの語源とすることは、本末転倒も甚だしい。

オミナエシの語源には、他に「美女をも圧する」、つまり美人をも圧倒するほど美しいからという『古今要覧稿』の説。それに、「をみなはをんな也、へしはうへしの略也、此花女の塚より生るを云故にや」と『滑稽雑談』にあるように、小野頼風なる男とその愛人をめぐる伝説をふまえた説などがあるが、これらのいずれにも賛成できない。

昔は、本来オトコエシの漢名であった「敗醬」が、オミナエシにも当てられ、両者が混用されており、オトコエシを「白花の敗醬」、オミナエシを「黄花の敗醬」といって区別していた。そこで私は、茎も太く、たけだけしいオトコエシを男敗醬、これに対して、姿の優しいオミナエシを女敗醬と称し、やがて敗醬の音読み「はいしょう」が「へし」に転化し、それぞれ「をとこへし」、「をみなへし」となり、これに男郎花、女郎花の文字が当てられるようになったものと推定する。このことは拙著『植物和名の語源』の中で詳しく論証したが、私自身この説に確信を持っている。もちろん、他により納得のゆく説があれば、あえて自説に固執する積りはないが、少なくとも、現在多くの植物図鑑や植物書に引用されている「をみなめし」をオミナエシの語源とする説が、国語学的にみて、まったく成り立たないことだけは明確だから、軽々しくこの説を孫引きしないよう、慎んでほしい。（九号）

## ガマズミ（スイカズラ科）

ガマズミの語源についての説明に、「″ガマ″は鎌の柄に利用したこと、″ゾメ″は染めることからきたという説がある」とある。どこから引用されたものか知らぬが、到底人を納得させる説明ではない。同巻の″トピックス″欄に私の、「植物の語源と民俗―スイカズラ科の植物を中心に」と題する一文が掲載されており、本書にもそのまま転載させて頂いたが、このなかで次のような内容の私見を述べておいた。

すなわち、初めはガマズミの漢名である「莢蒾」の音読み「ケフメイ」を用いていたが、いつしかこの音が「カメ」に転じ、さらにこれと「ズミ（酸実）」とが結びつき、カメズミ→カマズミ→ガマズミという順序に変わったというのが私の説である。その証拠に、こうした転化の過程における「カメ」の名が、『本草綱目啓蒙』に挙げたガマズミの方言カメガラ（ガラは幹の意）、また同属のムシカリの異名オオカメノキに名残を留めている。

私は確信をもってこの説を述べたつもりだが、ほかに有力な語源説があれば、ぜひ承りたいと考えている。（一〇号）

## ソバナ（キキョウ科）

ソバナ（D）

ソバナの語源を、「ソバが生育する山地の斜面などに生える山菜という意味からこの名がついたという」と説明しているが、これを書いた人の云わんとするところがよく理解できない。ソバ（蕎麦）は、畑といわず、水田の裏作、果樹の間作をはじめ、普通の農作物に適さない瘦せ地にも結構生育するが、ソバナは、あまり日の当たらない山の傾斜地などでよく見かけるから、生育地の点では両者にあまり共通点があるとは思われない。

ほかにソバナは「岨菜《そば》」の意味だという説があり、多くの図鑑にこの説が引用されているが、私には異論がある。

ソバナは『宜禁本草』に「人家収メテ果菜ト為シ、蒸シテ切リ羹粥(ヨウシュク)ニ作リ食ス」と記してあるように、昔はこれを山から採ってきて、ゆでたうえ、包丁で切り、あつものや粥に作って食べる習慣があり、その様子がまさにソバ(蕎麦)を食べるのと似ているのでソバナの名が生じたのではなかろうか。ソバナの方言にヤマソバというのがある点から考えても、岨菜説が成りたたないのは明らかである。

(一五号)

## ヒキヨモギ (ゴマノハグサ科)

ヒキヨモギの語源を、「ヒキヨモギの茎をちぎると、まるで白糸を引くように維管束が出てくる。和名はこの〝ヒキ〟と〝ヨモギ〟を思わせる羽状に切れ込んだ葉からつけられたらしい」と説明しているが、この説は植物学的な観察に片寄り、いささか考え過ぎのような気がする。私は、もっと単純にヒキヨモギは「低《ひき》よもぎ」ではないかと考えている。この植物の茎葉がともにヨモギに似ていながら、全体が小振りで、丈が低いところからこのように名づけられたのではなかろうか。「低」を「ひき」と読む例は低人《ひきびと》、低肥《ひきぶと》、低山《ひきやま》、低《ひき》し、低《ひき》い、低々《ひきひき》、低《ひき》

やかなど少なくない。（一五号）

**キツネノマゴ**（キツネノマゴ科）

解説文中に、キツネを頭につけた植物名は八つあると記されているが、植物和名でキツネを冠するものは八つではきかない。異名・方言を加えたらおそらく一〇〇個近いであろう。さらに文中「何をもってこの植物を〝キツネの孫〟と見たてたのか興味深いがよくはわからない」とある。キツネノマゴを〝狐の孫〟と解するから訳がわからないのではなかろうか。

私は、かねてよりキツネノマゴは〝狐の孫〟ではなく〝キツネノママコ〟の転訛したものであると信じており、拙著『植物和名語源新考』のなかでその論拠を詳説したことがある。ママコはママコナ（ゴマノハグサ科）のことで、『広辞苑』にもこの呼び名が出ているように、一般に使われている略称である。全体の姿、とくに花の形がママコナに似て、毛深く、品が悪く、いやしい感じがするのでキツネノママコの名が生じ、これが

キツネノマゴ（D）

つまってキツネノマゴになったのではなかろうか。私は今から三〇年近く前三河の鳳来寺山に登った際、偶にミヤマママコナの群落を目のあたりにして、この〝キツネノママコ〟説を思いついた。

（一六号）

## ムシャリンドウ（シソ科）

「ムシャリンドウの和名は『牧野新日本植物図鑑』に〝武佐竜胆《むさりんどう》の意味で、花の様子がリンドウに似て、初め滋賀県の武佐（近江八幡市）で発見されたので名づけられた〟とある。しかし、滋賀県には分布しないので、この説は疑わしい。語源は不明である」と解説している。

私は、すでに拙著『植物和名の語源』において述べたように、ムシャリンドウは文字通り武者竜胆の意味であると考えている。ムシャは、盆栽用語「武者立」などの武者で、この植物の対生の葉が、あたかも輪生しているかのように、放射状に細裂している姿を、歌舞伎の「武者《むしゃ》襷《だすき》」の矢の配列や盆栽の「武者立」の幹の状態などになぞらえたもの、リンドウは、花が竜胆のそれに似ているからではなかろうか。

（二〇号）

## カノツメソウ（セリ科）

カノツメソウの語源を「和名は〝鹿《か》の爪草《つめそう》〟と書き、太く短い根を数本出した姿をシカの爪に見たてたもの」と説明しているが、これも拙著『植物和名の語源』のなかで論じたように、この植物の顕著な特徴である茎の上部に付く三出葉を「鷹の爪」に見たて、「タカノツメソウ」が転じて「カノツメソウ」になったと解すべきではなかろうか。

（二八号）

## コシアブラ（ウコギ科）

コシアブラの語源の説明に、「和名は〝漉し油〟の意味で、昔この木の樹脂を漉して、漆に似た塗料としたことに基づき、その塗料を金漆《ごんぜつ》とよんだ」とある。新井白石が、その著『東雅』において、普通の漆を漉して精製したものと解した「漉し油」説が、『牧野

コシアブラ（F）

新日本植物図鑑』にそのまま載り、この記事の筆者はこれをそっくり引用したものらしい。

しかし、深津正・小林義雄共著『木の名の由来』に記したように、九州工業大学の寺田教授の実験によれば、コシアブラの木から採取した樹液は、諸種のジアセチレン化合物を含有する黄金色の透明な液体で、金漆《ごんぜつ》または黄漆《きうるし》と呼ばれたのはそのためである。普通の漆とはまったくその性質を異にし、日光に当たって乾燥すると、速乾性の硬い透明な被膜を生ずることが実証された。こうした性質を利用して、古代金属製武器や馬具に塗り、錆止めとしたり、写経用紙の防湿用塗料としてこれを用いたもので、別段これを漉して使用する必要はなさそうである。

したがって私は、コシアブラは、「漉し油」ではなく「越油《こしあぶら》」ではないかと思い、その旨を上掲の書において述べた。越《こし》は越（高志）の国の意味で、七世紀のころ福井県から青森県に至る地域に存在した国で、ここに先住していた種族の名でもある。金漆は、これらの種族が武具などの塗料に用いたのが、のちに律令国家に受けつがれ、この塗料を「越油《こしあぶら》」と称し、これが樹木の名となったのではないかというのが私の主張である。

（二九号）

## ヘンルーダ（ミカン科）

解説文中に「ヘンルーダは、ヨーロッパでは〝ルー〟の名で知られているハーブである」とのみ記されており、「ヘンルーダ」という植物名そのものの語源には触れていないが、この点の説明は必要ではないだろうか。

「ヘンルーダ」はオランダ語の Wijnruit によるといわれ、大槻玄沢（磐水）の『蘭説弁惑』のちの『磐水夜話』に、「へんるうだは、〝うゑいんるうだ〟なり、（中略）詳らかなる事は月池法眼（桂川甫周のことと思われる）の和薬撰という書にあり」と記されている。

なおヘンルーダの属名 Ruta は、ラテン語の「苦《にが》い」を意味する ruta をそのまま用いたものとも、「健康」を意味するギリシャ語の rhute に由来するともいわれている。

また英語の rue は、一四世紀に、古代フランス語の rue がそのまま英語に転じたものといい、オランダ語の Wijnruit は、これを略して単に ruit ともいう。ドイツ語の Raute はこれと同根である。

ヘンルーダ（J）

このほか、ヘンルーダの解説文中に挿入された写真の説明に「日本でも平安時代には葉を香料として輸入していたらしい」とあるが、この推測は誤りといわざるをえない。『和名抄』に「芸　禮記注云　芸（音雲　和名佐乃香）香草也」とあるように、ヘンルーダの中国名を「芸香《うんこう》」もしくは「芸草《うんそう》」と称することはすでに知られていたが、当時の人はこれをわが国に自生するマツカゼソウと誤認していた。従って平安時代に芸草または芸香と称した植物はすべてマツカゼソウであって、ヘンルーダがこの時代に輸入された形跡はまったくない。

ではヘンルーダが日本に渡来したのはいつ頃かというと、『大和本草』に「ヘンルウダ　近年紅夷ヨリ来ル、是紅夷ルウダナリ」とあり、江戸時代初期のことと推定される。本来のヘンルーダは明治初年に初めて渡来しており、江戸初期に渡来したものは牧野博士によればコヘンルーダ（Ruta chalepensis L. var. bracteosa Halasky）であるという。

『和訓栞』をみると、「ルウダ　一種小葉のものをヘンルウダという」とあるが、この文句の冒頭にあるルウダは、俗に南蛮ルウダと称するアカザ科のアリタソウのことで、ヘンルーダの仲間ではない。

なお同号のマツカゼソウの解説中、マツカゼソウの語源についての私の説が引用されたのは有難いが、「古くは芸草とよばれた」とある「芸草」にゲイソウとルビが振られていたのには驚いた。早速注意したところ、これは編集担当者のうっかりミスによるものとの釈明があった。

（二二〇号）

## センダン（センダン科）

「西行法師の『撰集抄』による〃せんだんは双葉《ふたば》より芳し《かんば》〃という言葉はよく知られているが、この〃せんだん〃は、ここで述べているセンダンではなく、香木のビャクダンの中国名〃栴檀〃を〃せんだん〃と誤って読んだところからきており、センダンにはビャクダンほどの芳しさはない」と解説してあるが、「中国名〃栴檀〃を〃せんだん〃と誤って読んだ」とある個所の意味が理解できない。中国名の栴檀を「せんだん」と読むことは誤りではない。このところの文章は、次のように表現すべきであった。

「香木の栴檀と同じ文字を当てているが、これは誤用であると考えられ、センダン科のセンダンは香木の〃せんだん〃とはまったく別のものである。」

問題は、センダン科のセンダンになぜ栴檀なる漢名が当てられるようになったかである。

『大和本草』に「近俗センダントイフ」とあるように、センダンの名称は、江戸時代初期もしく

センダン（E）

はこれに近い近世に始まったものと覚しく、その語源は国語によるものであって、栴檀の漢名はあくまで借語（当て字）であるとみて間違いないようである。

なかには、「この木ふしぶしに香気あり、故にセンダンと名づく」（井岡冽『大和本草批正』）とか、「四、五月紫花を開く。その芬香《ふんこう》相似たる所侍《はべ》るにや」（『滑稽雑談』）などと説明している本もある。花の香気から栴檀に関連づけた点は理解できぬことはないが、センダン科のセンダンの材には格別の芳香があるとは思われない。ともあれ、これらの説には素直に納得できぬものがある。

一方センダンの語源について別途の解釈を下しているものに『大言海』がある。これには、「或ハ云フ、千段ノ木ノ義ニテ、此樹皮ノ灰汁ニテ縞《キギヌ》ヲ練リテ、縮《ネリギヌ》トスルニ、一時ニ千段ヲ染ムベケレナリ」と説明しているが、この説はなにやらこじつけめいていて賛成しにくい。また山本章夫の『万葉古今動植正名』には、センダンは「千珠《せんだま》」のなまったものではないかという意味のことを述べている。

私は、この「千珠《せんだま》」説にヒントへえて、センダンの語源は「千團子《せんだんご》」ではないかと考えてみた。というのは、滋賀県大津の園城寺、俗にいう三井寺において、古くは四月一六日、今は五月一六日から三日間にわたって行なわれる法会《ほうえ》の俗称で、千團子祭とも千團子参りともいう。この御堂に祭る神は、千人の子を持つという鬼子母神で、これに千個の團子を供えたところからこの名が起こったといわれる。小児の健康、厄除け、安産などを祈願するためである。

センダンの実は、冬葉がすっかり落ちたあと、黄色に色づいて、これが枝いちめんに付いた有様は実に壮観であり、この様子を千團子に見たててセンダンゴと称し、これが詰まって単にセンダンと呼ばれるようになり、さらにその音《おん》が共通していることから香木の栴檀の漢名を当てたものではなかろうか。

千團子祭の別名を栴檀講と称するのも、センダンと、千團子、さらにこれの当て字栴檀との関連を示唆するものと考えられないだろうか。

（三二一号）

## メグスリノキ（カエデ科）

「メグスリノキにはチョウジャノキの別名があるが、若枝に長白毛があることや、大型の果実にも粗い毛があることが、長者の風貌《ふうぼう》を思わせるという説がある」とチョウジャノキの語源を説明している。この説の出所についてはなにも記されていないのでよくわからないが、この説に関する限り、苦心惨憺の挙句いかにも無理矢理にこじつけたものとしか考えられない。

メグスリノキの方言チョウジャノキの語源は、あまり難しく考える必要はなく、一般には「蝶々の木」のなまったものという解釈が通用している。別にチョウノキ（『物品識名拾遺』）とかコチョウノキ（『日本主要樹木方言集』）などの名があるから、チョウジャノキはチョウチョノキの転訛したものと考えて間違いなさそうである。

（三二二号）

## ヤマシバカエデ（カエデ科）

チドリノキの項に、「またヤマシバカエデの別名は山の柴《しば》のように枝葉がよく茂る樹形からきている」とある。

しかし、山の柴のように茂る木はほかにも沢山あり、この木に限って上記のように断定するのは如何かと思う。

本文に「種小名（carpinifolium）も〃シデの葉をした〃の意」とあるように、カバノキ科の仲間、とくにサワシバの葉そっくりである。サワシバの葉が互生、チドリノキのそれが対生である点と、それに基部の形が両者異なる点を除いては、共によく似ている。だからチドリノキをサワシバカエデと称してもおかしくない。そこで私は、ヤマシバカエデは、実はサワシバカエデの名が転じたのではないかと考えている。その証拠に、チドリノキには、ヤマシバともいうが、倉田悟博士の『日本主要樹木方言集』をみると、チドリノキを略して単にヤマシバのほかにサワシバの方言が埼玉、山梨（北都留、南巨摩）、静岡（伊豆、水窪）、岐阜（恵那）、などの各地に分布していることが記されている。こうしてみると、本来サワシバカエデと称していたものが、いつの間にかヤマシバカエデに転じた可能性はなきにしもあらずである。

なお、カバノキ科のサワシバの別名をサワシデともいうから、サワシバの名は、サワシデから転訛したのかも知れない。（三三二号）

## ナナメノキ（モチノキ科）

ナナメノキの解説文中に、「和名の由来は、たくさんの実をつけるという意味で〃七実の木〃とする説もあるが定かでない」と述べている。この「七実の木」説は、倉田悟博士が、『原色日本樹木図鑑』（第二巻）の中に記されたものである。

ナナメノキ（E）

このほかまた前川文夫博士は、『植物の名前の話』と題する本の中で、「ナナメノキ・果実は楕円形である。これの属するモチノキ属では一般論として、果実は球形で通っているのに、中に例外的に細長い実のなるのがナナメノキなのである。それで斜めの木であるが、これは多くの植物が名をもらうようになった徳川時代の命名であると思われる」と述べる一方、同書の他の個所では、「ナナメノキは長実《ながみ》の木で、クロガネモチに比して長みの実のなることから名ができた」とも説明され、結論が揺れ動いている。

私は、拙著『植物和名の語源』及び深津・小林共著『木の名の由来』の中で、ナナメノキの語源についての私見を述べたが、今一度ここで繰り返す。

著名な本草家であった筑前藩主楽善侯黒田斉清の著書に『本草啓蒙補遺』というのがある。小野蘭山の『本草綱目啓蒙』の補遺訂正を目的として著されたものである。私は、この本に、「クロガネモチ三種あり、一種ハ葉短カクシテ実少シ、シャクセンダント云。一種実甚ダ多キモノアリ、筑前〝ナノミ〟、肥前〝ニハナノミ〟。一種葉ノ先ノ尖ルモノアリ、〝ナノミ〟又〝ナナメ〟」とあるのにヒントをえて、「ナナメノキ」は、本来「ナノミ」と称したものであると推定、その語源を「名の実」ではないかと考えた。

ここにいう「名」とは、名声とか評判の意味で、名の木（有名な香水）、名の草（人に名前をよく知られた草）、名の筆（名高い人の書いた書画）、名の月（名月）など、有名であることを意味する形容詞として「名の」を冠する例は少なくない。このような例に漏れず、実の美しいところから、もともと「名の実の木」と称したものが、いつしかナナメノキに転訛したものであろう。

（三九号）

## モクレイシ（ニシキギ科）

モクレイシの語源の説明に、「〝木茘枝《もくれいし》〟と書くが、その理由はわからないとされている。確かに葉も花も果実も、ムクロジ科のレイシとは似ても似つかず、〝茘枝〟と関係づけるのはむづかしい」とある。

しかし、モクレイシの語源については、かつて野外植物会の会長をしておられた牧野晩成氏が、同会の機関紙『野草』のNo.296（一九六七年三月）に掲載された「植物雑記」(22)の中で次のように述べておられる。

牧野図鑑に和名は木レイシであろうというが意味がわからないと書いてある。然し私は、次のような連想からモクレイシの源を考えてみた。レイシ（ムクロジ科）→ツルレイシ（一名ニガウリ）→モクレイシ（果皮が二つにさけて、赤い実の見えるところに似ていて、木本であること）、つまり、モクレイシの実はレイシの実には直接似ていないが、ツルレイシをなかだちにすると、モクレイシの名が導けるというわけである。

ツルレイシ（ウリ科）が蔓性であり、モクレイシが木本であって、ともに実が裂けて、真赤な種子を出す。こうした共通点に着目、モクレイシの語源を上記のように解した牧野晩成氏の説は卓見であり、まさにその通りだと思う。同説は一九八九年改訂増補されて『牧野新日本植物図鑑』に紹介されている。

ちなみに、ツルレイシに何故茘枝の漢名が当てられたかというと、中国では、一般的には、ツルレイシは「苦瓜」の名で呼ばれるが、とくに江南地方では、別名を錦茘枝と称しており、この名が『救荒本草』などを通して日本に紹介され、錦茘枝を略して単に茘枝といわれるようになった。しかし、これではムクロジ科の茘枝と混同され易く、至極まぎらわしいので、とくにウリ科の茘枝をツルレイシと呼び区別するようになったものらしい。（三九号）

## ヒルギ（ヒルギ科）

「ヒルギという和名は、〝漂木〟に由来し、マングローブに生える親木から落ちた胎生種子が、海を漂って分布を広げる特徴から名づけられた」と断定的に書いている。おそらくこの説は、上原敬二博士の『樹木大図説』に引用された『鹿児島県草木譜』の文中の「ヒルギ即漂木の義にして、其子潮流に随って漂流すを以てなり」という「漂木説」をそっくり孫引きしたものらしい（同様の説が『牧野新日本植物図鑑』にも述べられている）。

上記の『鹿児島県草木譜』なる文献は、鹿児島出身の植物学者田代安定（一八五六〜一九二八）が一八八三年（明治一六）著した『鹿児島県草木譜内篇』（『同外篇』は所在不明）であるが、なぜ漂木からヒルギの名が起こったかについての原著者自身の詳しい説明がないのでよく理解できない。

私は、ヒルギの語源は、内藤喬著『鹿児島民族植物記』に「果実が樹上にあるうちに早くも種子が発芽して、果頂を貫き発根する。その状蛭《ヒル》の如き故云う」とあるのが当たっているように思う。

いうまでもなく、ヒルギの仲間は、いずれも胎生で、果実の中で種子が発芽し、胚軸は著しい伸び方をして果皮を突き破り、まるで胡瓜《キュウリ》がぶら下がっているように見える。やがて果実は、そのまま下に落ち、泥土に突き刺さって繁殖したり、水に流れて遠くへ運ばれるが、この果実の形が動物のヒル（蛭）、とくにコウガイビル（ヒルに似て、ヒルとは別種の渦虫類に属する）に良く似ているので、ヒルギ名が起こったものであろう。メヒルギにリュウキュウコウガイの別名のあるのはその証拠である。

ヒルギ（J）

ちなみに、上記のコウガイは、漢字で「笄」と書き、女性の髪飾りとして用いられたもので、先端が扇面状に開いた形をしている「かんざし」の類である。コウガイビルは、運動時に体の前端部が扇面状に開き、その姿が「笄《こうがい》」に似ているのでその名がある。メヒルギの別名リョウキュウコウガイと両者語源が相通じているのはそのためである。

（四一号）

## ウシタキソウ（アカバナ科）

ウシタキソウの語源の説明を、「〃牛滝草〃は山の名に由来するといわれるが、〃牛滝山〃は、富山県にも大阪府にもある」と述べている。

ウシタキソウ（L）

これは、『牧野新日本植物図鑑』からそっくりそのまま引用したものだが、この植物は、北海道から九州まで広い範囲に分布しており、とくにその名を牛滝山という特定の山にちなんだという確証はなく、またその可能性も少ない。

ウシタキソウは、ミズタマソウと同属で、ミズタマソウと同様に、鉤状の細毛の密生する果実を牛のよだれ（涎）、つまり「ウシのシタキ」に見たて、ウシノシタキソウあるいはウシシタキソウといったのが、詰まってウシタキソウになったのではなかろうか。「シタキ」は、東北・関東から北陸地方にかけての唾《つばき》を意味する方言であって、『俚言集覧』をはじめ、『全国方言辞典』（東條操編）にもその旨記載がある。

ガガイモ科の植物にシタキソウというのがある。シタキソウの名も、この植物の蔓を切ると、切口から白い乳状の汁が出るので、おそらく、これをシタキつまり唾《つばき》にたとえて起こった名であると考えられる。

ウシタキソウは中国にも生育しており、おもしろいのは、中国科学院植物研究所で編さんした『中国高等植物図鑑』に、日本語の漢字名牛滝草が正名として載っていることである。同書以前の中国の本草書には、これに当たる名称が見あたらぬところをみると、本来の漢名自体が本家の中国においてすでにわからなくなってしまったのかも知れない。

ちなみに、ミズタマソウには同図鑑において露珠草・水珠草の名が当てられているが、水珠草もどうやら和名ミズタマソウの漢字名のような気がする。（四三号）

## キカシグサ（ミソハギ科）

キカシグサの名がどうして起こったのか？　これは誰しも懐く疑問である。ここにはなんら述べられていないが、この植物和名の語源の説明はあって然るべきだと思う。

かつて拙著『植物和名語源新考』の中で述べたように、私は、キカシグサは、キサシグサもしくはキカジグサの転じたものではないかと考えている。

キカシグサ（D）

『新撰字鏡』（九〇〇頃）天治本に「蟣志良弥《シラミ》又支佐《キサ》」とあり、『和名抄』（九三〇頃）には、「蟣虱　和名木佐々《キササ》、之良美《シラミ》」とあり、古い時代には、シラミのことをキササ、キカサなどといった。

またとくにシラミの子をキサシと称したものらしく、『色葉字類抄』（一一七〇代）には、「キササ、キサシ虱子」とあり、『塵添壒嚢鈔《じんてんあいのうしょう》』（一五三二）には、「シラミノ子ヲバキササト云フ歟《か》キサシト云フ歟」と記し、さらに時代が下って、『本草綱目啓蒙』（一八〇三）には、「人虱《ヒトジラミ》（中略）蟣ハキササ（和名抄）虱ノ子ナリ。頭虱《アタマジラミ》ノ卵ハ数多ク連珠《レンジュ》ス」と述べている。

このように、シラミの古名をキササ、キカサ、キカザ、キカゼなどといい、現に大和地方にキカジの方言が残っており、この地方に住む拙著の読者の方から、「子供の頃シラミのことをキカジと呼んだ覚えがある」との書面を頂戴したことがある。このキカジという方言は、ケジラミやアタマジラミもしくはその卵のことをいうらしい。

私は、キカシグサの名は、キカシグサやミズキカシグサの葉腋につく花や実の姿を、頭髪の付け根にくっつくシラミの卵に見たてたもので、キカジグサがなまった言葉であると考えている。終戦後の混乱期はともかく、現在では、およそシラミと名のつくものを目にする機会はまったくなくなったが、明治・大正年代までは、農村や貧家の女児が頭髪にシラミの卵をつけた姿は、日常身近にこれを見かけたものである。従ってキカシグサの花や実などのつき具合からアタマジラミの卵や子を思い浮べることは、昔の人の自然の発想だったに相違ない。

江戸時代の川柳に「毛しらみのように実のつく松葉蘭《まつばらん》」というのがあるが、これなどもキカシグサの姿に相通じるものがある。

（四四号）

## グミ（グミ科）

アキグミの項に、グミの語源を、「グミとは〝グイミ〟のつまったもので、（中略）〝グイ〟とはとげのように硬い短枝を意味する〝杭〟のことである」と説明している。

これなども、引用によるものか筆者自身の説であるかを明らかにせず、しかも断定的に結論づけている。語源の説明としては最も不適切な例である。

出典はおそらく『牧野新日本植物図鑑』で、これに「グミはグイミの転訛で、グイすなわち刺の多い木に食用の実がなるからだろう」とあるのに拠ったに相違ない。しかし上記の引用文では、牧野博士の説明にあるように、「だろう」という推定もしくは想像のニュアンスをまったく伝えていない。それに「グイとは硬い短枝を意味する杭《くい》のことである」というのも理解しにくいおかしな説明である。

引用方法についてのクレームはそれまでとして、グミの名は昔からグミであったかというと、決してそうではない。グミは、『和名抄』に、胡頽子、和名久美《クミ》（下略）」とあるように、古くは清音でクミと称したものである。おそらく、山田孝雄《よしお》博士のいうように、このクミ連濁音（例―ナツグミ・ツルグミ）が独立してグミとなったのであろう。従って「グイの実」説の成り立たないことは明らかである。

クミの語源については、古くから「コミ（小子）の義」（『古今要覧稿』）とか、「黄実《キミ》」の転（『大言海』）などの説があるが、これらの説にはなんとなく不自然な感じがあるのは否定できない。そこで私の思うには、クミの語源は、含《く》玉実」の意味で、これが「くくみ」となり、さらに詰まって「くみ」となったのではなかろうか。知っての通り、グミの実を食べるには、まず実を口に含み、これを噛み、液汁を飲み込んだうえ、皮を吐き出すのが一般の方法で、皮ごと飲み込むと、グミの実の皮は独特の星状毛に覆われており、まったく消化されないので、胃腸障害を起こし、ときには命にかかわることがある。私は子供の頃、祖母から、「グミの実は決して口にするな」ときつく戒められたものである。

（四四号）

## トキリマメ（オオバタンキリマメ・マメ科）

タンキリマメの語源が「止痰（痰切り）」の効果があるからと説明していることはよいとしても、これと同じ仲間のトキリマメの語源についてはなんらの説明もない。トキリマメの語源については誰しも関心を懐くはずである。タンキリマメとは、同じ三小葉でも、葉の質が薄く、タンキリマメの葉が上部の幅が広いのに対して、トキリマメの葉は下の方が広い。しかしなによりも著しい特徴は、タンキリマメの葉がやや丸味を帯びているのに対して、こちらは先端が鋭く尖っている点である。従ってトキリの名は、こうした葉の形を「尖《と》ぎり」と形容し、これがなまってトキリとなったのではないかと考える。

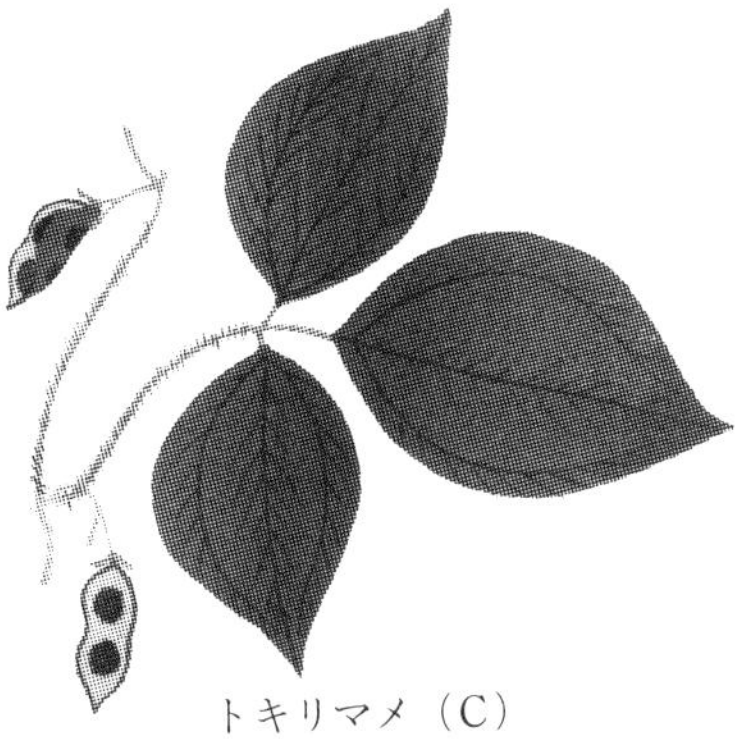
トキリマメ（C）

私が小学生だった当時、郷里の三河では、鉛筆を削ることを「尖ぎる」、あるいは「尖ぎらす」、「尖ぎらかす」などともいった覚えがある。鉛筆の削り方が悪いと、「尖ぎり方が悪い」、良ければ「尖ぎり具合が良い」などともいったから、地方により「尖《ト》ぎり」という活用はあったものらしい。

『牧野新日本植物図鑑』には、「トキリは何の意味か不明、トキリマメはタンキリマメと同じ意味であろうか」とも書いてあるが、確かに両者の名の語呂が合っている点から考えて、トキリマメの命名には、タンキリマメの名を意識して、これと音韻を合わせる意図があったかも知れない。

『物品識名』にはタンキリマメの名は見えるが、トキリマメの名はない。『草木図説』には、タンキリマメの條に、「一種葉形略同ジニテ末殺鋭、質差薄ク毛茸亦少ク、花莢形色本條ト同ジキモノアリ、或コレニトキリマメノ名ヲ下ス」とある。こうしてみても、トキリマメはタンキリマメの一種とみられ、あとから命名されたことは明らかである。

なお『本草図譜』には「べにかわ」の名は出ているが、トキリマメの名はない。いうまでもなく、「べにかわ」の異名は、熟した莢の色が紅革《べにかわ》というオランダ人の舶来した紅色の革に似ているからであろう。

（四五号）

## ゲンゲ（マメ科）

ゲンゲの語源の説明に、「和名は漢名の〝翹揺〟の音読みによる」とある。これはおそらく、『牧野新日本植物図鑑』のゲンゲ（ゲンゲバナ、レンゲソウ）の項に「ゲンゲは漢名の翹揺の音よみに由来したものといわれる。蓮華草は花が輪状に並んでつく様子をハスの花に見たてたもの」とあるのに拠ったものと思われる。

しかし、結論から先にいえば、ゲンゲの語源を漢名の音読みに求めるまでもなく、ゲンゲはレンゲソウの方言ゲンゲソウもしくはゲンケバナの略されたものと考えてよさそうである。『物品識名』に「ゲンゲ　紫雲英」とあり、『草木図説』に「ゲンゲ　レンゲサウ　紫雲英」とあるなど、わが国の本草書がいずれもゲンゲを本名扱いしている関係で、明治の初め植物の標準漢名を制定するに当たって、本来ならばレンゲソウとさるべきを、その方言に当たるゲンゲが正名の座についてしまったのであろう。

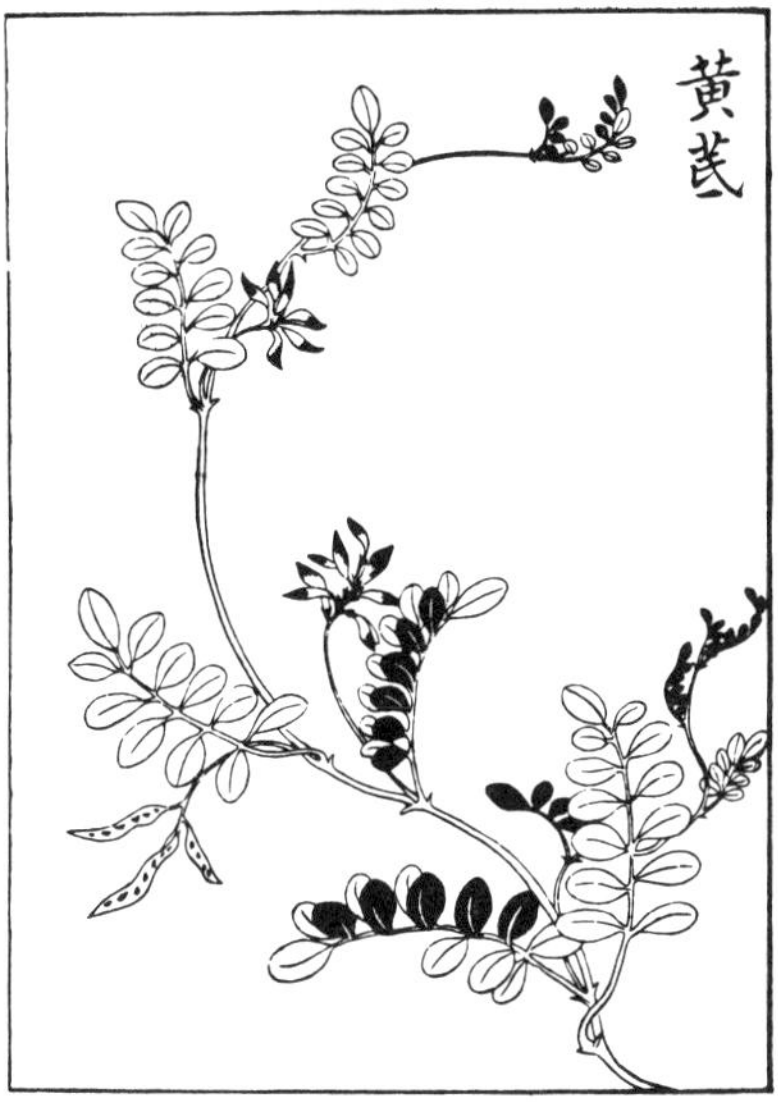


レンゲソウ（B）

では牧野博士が「ゲンゲは漢名の翹揺の音読みに由来したという」と図鑑に述べられた経緯について、いま少し詳しく述べてみよう。『牧野植物学全集』第四巻に、昭和八年三月二四日発行の『俳句講座』第一〇号に発表された次のような一文が載っている。

五形《げんげ》花田に脱《ぬ》ぎ失いし草履かな

朱雀

げんげヲ五形花ト書クノハ漢名デ

ハナイ。げんげノ漢名ハ翹揺デアル。其意味ハげんげ花ガ春風ニ吹カレテ動イテイル形容デ、翹ハ高クソバダツ意、揺ハ動ク意デアル。或人ガ言ウニハげんげノ語源ハ此翹揺ノ字音カラ来タデハナカロウカトノ事デアツタガ、其レハ或ハ事実カモ知レヌト思ウ。れんげばなハ其ノ花穂ノ状ノ見立テデコレハ後ノ人ガ附ケタ名デげんげコソ其本来ノ称デアロウト思ウ（筆者注―仮名遣いを書き改めた）

このように牧野博士は、漢名翹揺からゲンゲに転訛したのが先で、あとからレンゲバナの名ができたと書いておられるが、これは何かの間違いとしか思えない。

ゲンゲは近世中国からわが国に渡来したもので、古い本草書には記載がないが、『大和本草』には、碎米薺の漢名を当て、「京畿ノ小児コレヲゲンゲバナト云ウ」とあり、また『物類称呼』には、「畿内にてげんげばなといい、江戸にてれんげばなという」とある。これに対して小野蘭山は、碎米薺の漢名はゲンゲには当たらず、また京畿でこれを「げんげばな」というのは、もともと「れんげばな」であったが、蓮花というのは縁起が悪いので、此を忌んでこのように云い替えたのだという意味のことを述べている。だからゲンゲは、レンゲソウの方言のゲンゲバナもしくはゲンゲソウの略されたものであることは確かである。

いまひとつ、ゲンゲを翹揺の漢音の転と解する場合、翹揺なる植物の実体が果たしてゲンゲに当たるかどうかの点に疑問がある。

『本草綱目』には翹揺を野豌豆《のえんどう》としており、付録の図経にも、およそゲンゲとは似ても似つかぬ、カラスノエンドウそっくりの絵を載せている。また『本草綱目啓蒙』にも、翹揺をカラスノエンドウ・スズメノエンドウ・ハマエンドウの三種を含むとしている。ただ松平君山（一六九七～一七八三）の『本草正譌《せいか》』（「名古屋叢書」）には、翹揺の項に、「諸家本草、和産何物ト云ウコトヲ知ラズ、愚案、是救荒野譜ノ碎米薺、和ノレンゲ是ナリ」と断定しているが、これに賛同する後世の本草家は少ない。

それにまた、翹揺の漢音は「ゲフエウ」であって、これが「ゲンゲ」に転ずる可能性もきわめて薄いのではなかろうか。

要は、この場合の語源の説明には、「和名のゲンゲは、レンゲソウの方言ゲンゲソウもしくはゲンゲバナの方言を略したもの」という至極平凡な解説でことが済んだはずである。（四六号）

## ウメ（バラ科）

ウメの語源を、「ウメの中国での生薬《しょうやく》としての名前は〝烏梅〟といい、〝ウメイ〟と発音する。この呼び名で日本に渡来し、その後〝ウメ〟または〝ムメ〟と訛って発音されるようになったと考えられる。」と説明しているが、私はこの解説には異論がある。

すでに拙著『植物和名語源新考』において述べたように、私は「ウメ」は、朝鮮語の（m）mäi（i）から転じたものであると考えている。同書に述べたことをここに要約してみよう。

『万葉集』をみると、梅と詠じた歌は全部で一一八首あり、萩に次いでその数が多い。これらの歌のなかで、梅に当てられた万葉仮名（真名）は、梅を除いては、烏梅・宇梅・于梅・宇米・汙米・有米などであって、一首だけ牟梅と書かれた歌があるというが、異本には宇梅と書かれており、疑わしいとのこと。

だから、奈良時代には、梅は「ウメ」と発音され、平安時代になって「ムメ」と発音されるようになったというわけである。果たしてそうであろうか。

梅は、『古事記』や『日本書紀』にはまったく現れないので、これらの書の背景となっている時代には未だ日本にはなく、七世紀末に、中国から朝鮮半島を経由して渡来し、筑紫の太宰府をはじめ、都の上流階級の人々の間ににわかにもてはやされたものといわれる。そうなると、当時梅の実物と一緒に、梅を表わす朝鮮語も日本に伝えられた可能性が高い。私は、梅を意味する朝鮮語を、韓国人に繰り返し発音してもらったが、その発音はまさにムメとメイとを組み合わせたような、単音と二音との中間の音で、しいてローマ字で表せば（m）mä(i)となる（aはドイツ語のウムラウトのä、つまり変母音のäに近い）。奈良時代の日本人の耳にした梅の発音もこれに近いもので、頭尾にそれぞれムとイの音を軽く響かせたメの音であり、当時の日本人はこれをムメとして受け取ったはずである。

ではなぜ『万葉集』の梅を詠んだ歌にわざわざ「ウメ」に相当する万葉仮名を当てたものが多いか。その答えとして私は、「ムメ」の語は、その発音が日本人にとって容易に馴染めなく、そこでとくに歌のようにに語調を整える必要のあるものにあっては、「ム」を「ウ」という明瞭な字音に置き代え、はっきり「ウメ」と発音させていたのではないかと推定する。

念のため、梅を詠んだ『万葉集』の歌一一八首について使われた文字を調べてみると、宇米と書いた歌二首、汙米、有米とある各一首のほかは全部梅の字を用い、そのうち梅一字のものが七〇首、烏梅が三五首、宇梅が八首、于梅が一首である。しかも烏梅の文字は、天平二年正月筑紫太宰府の大伴旅人の邸における宴席での歌三二首のうち二七首に集中している。このことは、当時の出席者が、申し合わせたように、朗詠歌としては語調の悪い「ムメ」の音を避け、ことさらにこの頃中国から太宰府にもたらされた薬料烏梅(梅の実を乾して黒くふすべたもの)の語を借りるなどして、はっきりと「ウメ」の音を表した結果であると考えられる。

されば、平安時代になって仮名文字が考案されてから後は、『和名抄』など一部を除いて、平仮名や片仮名書きのものには、「ムメ」の音がそのまま表記されるに至ったものであろう。

ウメの語源が烏梅であるという説が広く行なわれているのは、上に述べたように、『万葉集』の中に最も多くこの文字が使われていることもその理由の一つとみてよかろう。ただし『万葉集』の場合、烏梅の文字はあくまでも借字であることには相違ないと思う。

朝鮮語の mal から転じたという馬の訓「ウマ」も、古代の歌謡(『日本書紀』中の雄略紀および推古紀所載)では「宇摩《ウマ》」と訓じ、『万葉集』では「宇馬《ウマ》」の字を用いているのに対し、平安時代には「ムマ」と仮名書きされるようになったのは、ウメの場合とよく似ているように思わ

れる。（五一号）

## ナシ（バラ科）

ナシの語源について、「〝ナシ〟という名の語源ははっきりしないが、新井白石は、果実の中心部（ナ）が酸っぱい（ス）ことによる〝ナス〟から転じたと述べている」とある。これは白石の『東雅』の「梨」の項の説明に拠ったものである。

同じ『東雅』の「㮈」の項をみると、「和名抄に㮈また作レ奈ナイ、一にカラナシといふと註せり、ナイは其字の音を呼びしなり、カラナシといふも、其始め韓地よりや伝へぬらん。ナシとは柰子の字の音を呼びしなり。此物林檎と一類にして二種也」とあるように、白石は、ナシの語源をカラナシを意味する柰子《ないし》の字音によるといった説をも述べており、『塩尻』をはじめ、『大言海』及び中島利一郎の「植物語原考」（一九三八年の雑誌論文）などもこれを支持している。

こういった説明は、なんとなく筋が通り、説得力があるように思われるが、よくよく調べてみると、「柰子＝ナシ」説には少なからぬ矛盾があることがわかる。

何故ならば、『和名抄』（巻十七）の「㮈」の項をみると、「㮈子、作レ柰（中略）一云加良奈之《カラナシ》」とあり、この次に並ぶ「林檎」の項には、「與柰相似而小者也」とある。つまり柰の小さいのが林檎だというわけである。

然るに『和名抄』には別に「梨子」の項を設け、これには「奈之《ナシ》」とはっきり和名を記してある。

『本草和名』をみても、これと同様に、梨と柰（棕）」とを明確に区別している。

いうまでもなく上記の柰（棕）の和名カラナシのカラは、白石いうように、韓（朝鮮）からの渡来を意味し、カラナシの名の起こる前にナシという和名が存在していたとみるのが常識で、カラナシからナシの語が生じたという考え方は逆であるといわざるをえない。

そこで思いついたのが、ナシの異称である「つまなし」という言葉。『万葉集』巻一〇に、「黄葉《もみじは》のにおいは繁し然れども、妻梨の木を手折《た》り挿頭《かざ》さむ」及び「露霜《つゆじも》の寒さ夕《ゆうべ》の秋風に、もみじにけりも妻梨の木は」という「つまなし」を詠んだ歌二首があり、平安時代の歌集にも「つまなし」を詠み込んだ歌が数首みえる。

これらの歌に共通した「つまなし」の語にはいろいろな説がある。例えば「小さい梨」、「尖《つま》梨《なし》」、「山梨の類」などのほか、『広辞苑』には、「妻無しの縁語として用いる」、『日本国語大辞典』には、「〃なし〃に〃無し〃をかけたもの」などの説明はあるが、「つま」と「なし」との関連についてはなんら触れていない。そこへゆくと、『大言海』の「つまなし」の項には「妻ヲ端《つま》ニカケ、梨（無シ）ニ添エタル語」とあるのは、きわめて示唆に富んだ説明である。

では「つま」とは何かというと、物の端《はし》の部分で、果実であると底の部分に当たる。そもそも奈良時代の果実では、底の部分が著しくくぼんでいるものとしては、ナシとカラナシ（林檎）以外には見当たらない。そこで、ナシのことを端《つま》がないという意味で「つまなし」といい、のちに「つま」が脱落して、単に「なし」と称されるようになったのではなかろうか。

わが国ではナシの栽培は古く、日本に自生するヤマナシ（Pyrus pyrifolia）を基本種とするといわれるから、のちに渡来するカラナシに遥か先だって、ナシの語があったことは間違いない。

（五三号）

## チングルマ（バラ科）

和名の語源について、次のように説明している。

「花後、それまでねじれたように固まっていた花柱は、長さ三センチぐらいに伸び、果実の成熟期には斜上か水平に開出し、風車のように見える。和名は、玩具の〝稚児車〟から転訛したものであるといわれる。」

この「稚児車」説は、『牧野新日本植物図鑑』に、「チゴグルマ（稚児車）から転訛したもので、ちごは花が小さく可憐であるためで、くるまは、五花弁で輪形に配列しているからである。一説にオキナグサに似た果実が放射状に四方に出ている有様を車にたとえ、子供の玩具の風車にみたてたものだという。」とあるに拠ったものであろう。

こうした稚児車説が誤りであって、この植物の果実の付いた花柱が、オキナグサのそれによく似ているところから、オキナグサの方言チグルマイ（イゴノマイの転）が、さらに転じてチングルマとなったことは、本書（I）の「チングルマ」の語源の項で詳細に説明したから、ここでは省略する。

念のため、「稚児車」という玩具があるかどうか、小高吉三郎著『日本の遊戯』、酒井欣著『日本遊戯史』、山田徳兵衛著『日本のおもちゃ』など、書架にある限りの参考書をはじめ、主要な国語辞典、百科辞典などについて調べてみても、ついに「稚児車」なる語は見つからなかった。

こうやっていろいろ調べているうち、日本最初の百科辞書である三省堂発行の『日本百科大辞典』の「チングルマ」の項に「越中立山においてこれをちごのまひと称する」とあるのを見つけたことは大きな収穫だった。これは、チングルマとオキナグサ両者共に、果実の姿がよく似ているところから、方言の面でも共通するようになったなによりの証拠である。

ちなみに、小学館の『日本国語大辞典』をみると、『牧野新日本植物図鑑』に述べられた「稚児車」説がそっくりそのまま引用されていた。この点権威ある国語辞典として、いささか考証が不足しているように思えてならない。

（五四号）

ユリワサビ（C）

## ユリワサビ（アブラナ科）

ユリワサビの写真の説明に、「花や葉がワサビに似て、枯れ残った地上茎の基部がユリの根のように見えるところから名づけられたといわれる」とある。これは、『牧野新日本図鑑』に、「葉柄の上部が枯死しても、基部は残存するので、ユリの鱗茎のようになる。また香味はワサビと同じであるので、ユリワサビの日本名がついた」とあるのに拠ったもので、この説はいろいろな図鑑にそのまま引用されている。

ただし岩崎灌園の『本草図譜』をみると、「ゆりわさび」の図に「奥州二本松にてゆりわさびと称するもの苗葉果実山葵《わさび》菜と同じなり。但小さく三四寸、根の形巻丹《ゆり》の葉の間に生ずる実の如くにして、紫色重り生ず」と付記されている。両説ともその名をユリ（百合）に関連づけている点は共通しているものの、『牧野新日本植物図鑑』では鱗茎がユリに似ているからとあるのに対し、『本草図譜』では、オニユリ（巻丹）のムカゴに似ているからとしており、鱗茎とムカゴでは、その違いは大きい。

そこで、必ずしもユリ(百合)に拘泥せず、視点を変えてみたらと思い、試みに平凡社の『大辞典』を繰ってみると、「ゆり」の項に「方言。やわらかい。(鹿児島県)」とある。これは明治三九年(一九〇六)に刊行された鹿児島県私立教育委員会編の同県下一般の方言を集めた『鹿児島方言集』に収録された言葉である。この方言があまり一般的でないので、はっきりそれと断定はできないが、若しユリワサビの語源が、この方言により「柔らかいワサビ」の意味であるとするならば、この植物の生態をきわめて適切に表現し、種小名の tenue(薄い、弱々しいの意)に相通ずるものであることは間違いない。

(六七号)

## ナズナ(アブラナ科)

ナズナの語源について、「〝愛でる菜〟を意味する〝撫菜《なでな》〟から来たとする説がある」と説明しているが、この説は、『牧野新日本植物図鑑』からの引用である。ただし同図鑑の説明には、「確かでない」と付記し、必ずしもこの説に信をおいているわけではない。

牧野博士は『大言海』に「撫菜《ナデナ》ノ義ニテ愛《メ》ヅル意カト云フ」とあるのを引用されたものらしいが、『大言海』は、さらにこれと江戸中期の辞書『和訓栞』の「撫菜の義愛する義なるべし」とあるのに拠ったものと思われる。

この『和訓栞』の説に対して屋代弘賢は『古今要覧稿』の中で、「なづなの撫菜を、愛する菜と解するのは間違いで、この菜を七種の粥に用いる際、俎《まないた》の上で打つが、斉宮では打つという言葉を忌詞《いみことば》としているので代わりに撫づと云ったと解すべきである」という意味のことを述べている。いずれにせよ、「なづな」の語源を「撫菜」とする点においては変りない。

一方貝原益軒は、『日本釈名』の中で、「なづな葶藶夏無也《ていれきなつな》。此草秋生じ春さかへ夏かる、故、秋冬はありて夏はなき也、なつのつの字清濁適用す。和名に例多し」と述べ、また松岡静雄の『新編日本古語辞典』には、益軒説とは反対に、「夏菜の意か。春夏の候開花するから、名を得たであろう。和名抄に奈豆奈、本草和名に奈都奈と訓じてある。〝豆〟は清音仮名にも用いられ、且ナツナと音便によってナヅナと濁ったこともあり得るから、豆の字に捉われる必要はない」と記している。

以上の諸説はいずれもこじつけめいており、納得がゆかない。

私はかつて『植物和名語源新考』という本の中で、小倉進平博士のナズナの朝鮮語源説を紹介したことがあるが、今でもこの説の信憑性を疑わない。

すなわち、朝鮮語学者として著名な小倉進平博士が、昭和一三年（一九三八）、雑誌『方言』の五月号（Vol. 8, No. 2）に恩師上田万年先生の霊前に捧げる旨の前書きを付した「なづな（薺）名義考」と題する論文を発表、その後これに補筆したものが、同博士の著書『朝鮮語方言の研究』下巻に掲載されている。

この論文の論旨を要約すると、「〝なづな〟の〝な〟は国語の菜であるが、〝なづ〟は朝鮮語の

Na-ziに由来しており、さらに満州語の nabachiba（薺菜）とも関係がある」ということになる。同博士は、この論文中に、朝鮮半島各地におけるナズナの方言を多数採録したうえ、これらのうちで最も多い nasi, nasin, nansi などの系統の語の基本語が、『訓蒙字会』とか『四声通解』といった朝鮮語に関する古書に出てくる薺の音 na-zi にあることを論証しており、学問的にきわめて強い説得力をもっている。古代朝鮮語の権威として著名であり、先年韓国東方文化研究所所長在任中に物故された金思燁《キムサヨプ》博士も、その著『古代朝鮮語と日本語』の中で、日本語のナズナが朝鮮語の Na-zi に対応することをはっきり認めている。

朝鮮では、ナズナの若葉を粥に入れて食する習慣が古くからあったといい、わが国でも、正月七日の七種粥にナズナは欠かせぬ材料とされ、正月六日の夜「七種なづな、唐土の鳥の渡らぬ先に」とはやしながら俎《まないた》の上に載せてこれを打つ習わしのあることはよく知られている。このほか、ナズナの若い葉を乾燥したものを洗眼に用いたり、根茎を利尿や解熱剤として民間薬に用いるのも、日本と朝鮮とに共通した風習であり、遠い昔彼の地からこうした風習とともに、その名が渡来したと考えることは、決して不自然ではないと信ずる。

（六七号）

## ドロノキ（ヤナギ科）

ドロノキの語源の説明に、「ドロノキまたはドロヤナギの和名は、北海道松前地方の方言デロ

ドロノキ（F）

に由来したという」とあるが、薩摩の本草家曽古春（曽槃）の著した『蝦夷草木志料』の巻二に、「此樹材脆用に中《あた》らず、因て泥の如しと云義にてかく云ふといへり」とあるように、ドロノキはこの木の材が泥のようにもろいことからきた名前で、松前地方の方言「デロ」は、ドロノキの「ドロ」に転じたと解するのは、本末を取り違えたものといわざるをえない。

ドロノキは、一名をワタドロともいう。白井光太郎博士は、その著『樹木和名考』の中で、「ドロノキの名は、元来東北地方にては、ハコヤナギ（ヤマナラシ）、ワタドロ両種を相通じて使用せられたものにて、其意義は、材が泥の如く柔軟なりと云うにありと思われる。北海道にて此両種をシロドロ、クロドロと称して相分つも亦此の意に外ならず。ハコヤナギ木心白く、ワタドロは木心淡黒色なればなり。されば、此木の和名は、単に之をドロノキと呼ぶよりは、クロドロとかワタドロと呼びて、ハコヤナギ、ドロノキ両名の混雑を拒《ふせ》ぐを穏當なりと考う」と述べている。

なお水谷豊文の『木曽採薬記』（文化七年〈一八一〇〉木曽諸山の巡回記、「名古屋叢書」に収録）をみると、「ドロノキノ葉ヨメフリ又ナシ（梨）ノ葉ニ似タリ、木皮泥ヲ塗リタルガ如シ」

（注—ヨメフリはヤマナラシの方言）とあり、ドロノキの名が樹皮の色に基づくように記してあるが、前述のように、材のもろいことによるという説の方が当たっているように思う。

（六八号）

## バッコヤナギ（ヤナギ科）

同じくバッコヤナギ（Salix bakko）は、別名をヤマネコヤナギといい、種小名にとくにBakkoの名を用いている。

この植物の語源の説明について次のように記している。

バッコヤナギの語源についてははっきりしたことはわかっていない。アイヌ語説があるが該当する言葉が不明である。また東北地方で、バッコに〝糞〟という意味がある。大きな花穂が、花が終わった後、地面に落ちて、黒っぽく汚らしいのを糞と見たようである。

確かに辞書を引くと、山形県米沢、福島県会津郡、新潟県東蒲原郡などにおける小児語として「バッコ」の名がみえる。

しかし、「バッコ」が北陸地方などにおけるウシ（牛）の方言であって、ウシが好んでこの葉を食べるのでバッコヤナギの名が生じたという説が昔から唱えられており、現在半ば定説のようになっている。

白井光太郎博士の『樹木和名考』には、ウシヤナギの別名を挙げ、さらに佐藤成裕の『中陵漫筆』中の「ばっこ柳はべいこ柳、即ち牛柳の義なると知るべし。日光樵父の説に牛好んで此柳を食ふ。故に牛柳の名ありと云へり。以て名称の由来を察すべし」という文句を引用している。

サトウハチロウー作詞の有名な童謡「べこの子うしの子」にあるように、本来は牛のことを「べコ」と称したもので、現在でも東北地方で広く用いられている。「バッコ」はこの「べコ」の転訛したもので、「べコ」はアイヌ語の Bekko に基づくらしい。上に引用した解説文中に、バッコヤナギの語源にアイヌ語説があるように書いてあるのは、あるいはこのことを指したのかも知れない。

(六八号)

## ツバキ (ツバキ科)

ツバキの漢名を紹介したのち、ツバキの語源について、「〃厚葉木《あつばき》〃または〃艶葉木《つやばき》〃から転じたともいう」と説明している。

ここにいう〃厚葉木〃説は、貝原益軒が『日本釈名』において唱えたもので、林甕臣《みかおみ》の『日本語原学』もこの説をとり、一方〃艶葉木〃説は、屋代弘賢《ひろかた》の『古今要覧稿』をはじめ『大言海』などがこれを採用している。またこれと似た説が、新井白石の『東雅』にもみられ、同書ではツバキの語源を、「古語にツバといいしは、光沢の貌《さま》をいいたり。其葉其実共に光沢あるをいいしなり」と説明している。

このほか、松永貞徳の『和句解《わくげ》』には、「強き葉の義にや」と、〃強葉木〃ではないかという意味のことを述べており、言霊《ことだま》派の国学者堀秀成（一八一九〜八七）もこれを支持し、近代においては、松岡静雄の『新編日本古語辞典』がこの説を採用している。

以上三種の説が、これまでツバキの語源としてしばしば諸書に引用されてきた代表的なものであるが、遠慮なく云わせてもらえば、これらの説はいずれも、ツバキという言葉が、国語でもってなんとでも語呂合わせができることを例証したに過ぎないもののように思えてならない。上記の三説は、三者三様、さももっともらしく聞こえるだけに、どの説をとってみても、「ツバキの語源はまさにこれだ！」いうふうに、人をして確信させる迫力に欠けていることは否定できない。

これらのほかにも、ツバキの語源説があるから紹介してみよう。

堀井令以知《れいいち》著『語源をつきとめる』を読んでいるうちに、「椿のツバは唇の意味で、この場合のキは木のことである」という記事を見つけた。なるほど、『日葡辞書』には「ツバは唇のこと」という説明があるから、中世において、唇をツバと称したことは間違いなさそうだが、それにしても何故ニ「ツバ（唇）木」がツバキの語源であるかの説明がないので、国語学の専門家であるこの書の著者の云わんとするところがまったく理解できない。

また上原敬三著『樹木大図説』には、シーボルト・ツッカリーニの『日本植物誌』(Flora Japonica) には、ツバキを arbre de salive (唾の木《つばき》) と訳しているそうだが、これは、おそらく植物のツバキを同音の唾液の意味のツバキと混同しての誤訳と考えられるので、問題にならない。

以上述べた各種のツバキ語源説のほかに、ツバキは朝鮮語に基づくという説がある。歌人として有名な與謝野寛(鉄幹)が主宰発行した雑誌『明星』(第二次復刊、一九二一~二七)及び寛の没後長男の與謝野光が代表として発行した第三次復刊『明星』(一九四七~四九)に三〇回にわたって連載された寛の論稿『日本語原考』の最終回に、ツバキの語源について次のような記事が載っている。

ツバキ(椿)は冬柏の古音"Tsu-Pak"(ツーパク)が"Tsu-Baki"(ツーバキ)と転じた語。(中略)義は冬日も緑なる柏の一種なるが故に称する。柏の常緑の喬木に亘って広く用いる古語である。予はツバキの語源を採るに久しく苦しんだ。然るに計らずも朝鮮の丁茶山の著した『雅言覚非』にツバキを冬柏と呼び、翠柏・春柏・叢柏とも呼ぶことを知り、支那の古語が我国にも彼国にも保存せられている事を知った。

このような與謝野寛のツバキの語が朝鮮語に由来するとする説に関連して、先般物故され、国民の多くからその死を惜しまれた司馬遼太郎の『街道をゆく』(巻二八)「耽羅《たんら》紀行」と題する済州島の紀行文中に、次のような興味深い記述を見つけた。

伊豆大島が椿の島であるように、済州島も古来、全島に椿が茂っている。島の物産として椿油が〝陸地〟へ移出されつづけた歴史も相当古い。

〝玄さん（注—案内に当たった玄文叔氏）、椿は韓国語でなんといいますか。〟

〝冬の柏と書いてトンベックといいます〟

冬はtongである、柏はbackで、私の耳にはピヤットと聞こえる。ツバキという日本語の音に似ている。與謝野鉄幹が明治二八年、京城（ソウル）にわたったとき、この地のことばに触れ、ツバキの語源は朝鮮語にあるのではないかといったといわれる。むろん素人の言語比較だからとるに足りない。(中略)それにしてもトンベックとツバキは音が似ている。與謝野鉄幹がそう思ったのもむりがない。

司馬さんはここで「素人の言語比較だからとるに足らない」とひと言で片付けておられるが、ことツバキの語源に関しては、専門の言語学者で、朝鮮語に詳しい中島利一郎も、「植物語原考」と題する雑誌論文（一九三八）のなかで、「つばきの語源が朝鮮語冬柏（トンバイク）に繋がることはほとんど疑いないと思われる」と、強い語調でもって朝鮮語説を肯定している。

私も、この朝鮮語説に大いに共鳴し、拙著にもこれを紹介するとともに、韓国人に接する機会のあるごとに、〝冬柏〟の語を実際に発音してもらい、何度もこれを耳にしてきた。これら韓国人の発音がすべて私の耳には“Tsun-baik”と聞こえ、この“Tsun-baik”が日本語のツバキに転じたという確信はいまや揺るぎないものとなった。ただしこうした私の確信は、単に発音の相似のみによるものではない。発音の相似には、偶然の支配する場合が多く、これのみでは語源の証拠として充分とはいえないからである。

私が、ツバキの名が朝鮮語に基づくことを確信するに至ったいまひとつの重要な理由は、わが国の生活文化史と日韓交渉史の両面に関連した歴史的事実である。これを具体的にいえば、私がかねて油源植物の歴史について調べているうち、古来わが国で重要視された油源植物のほとんどが、大陸より朝鮮半島を経由し、もしくは朝鮮半島より直接渡来し、これら植物の実体・用途をはじめ、その名称においても、朝鮮語に由来するか、あるいは朝鮮との関連を示唆するものが多いという事実がわかったからである。

その事実を挙げてみよう。

エゴマ(荏、Yim)、ゴマ(胡麻、Homa)、アサ(麻、Sam)、アブラナ(蕓薹＝オチ、Untai)、クルミ(呉桃、句麗《くれ》から渡来した実)、ハシバミ(榛、Huchen-bam)、イヌガヤ(加閉、Kai-pi)などがそれで、いずれもその名が朝鮮語と関係がある。

ツバキも、上記の例に洩れず、三韓時代、済州島を含む朝鮮半島南部地方から、その利用法、とくに油としての用途がわが国に渡来し、同時にその名も彼の地から伝わったものと推定される。無論ツバキは、本来わが国本州西部・四国・九州などに自生していたが、その利用法に関する限り、朝鮮半島南部から渡来人によって持って来られたものと考えられる節がある。

なお本来自生のなかった中部以北の日本海岸や中北部の太平洋岸などにも現在広く分布して

いるのは、そのほとんどが人為的移入によるものであることが、いまや確証されている。またこうした人為的分布の背景には、記紀・万葉・延喜式などによってうかがい知られるツバキの果実・材・枝葉などの有用性の認識と、これらが一般的に利用されていた歴史的事実が存在していたことは疑う余地がなかろう。（七七号）

## ヤシャブシ（カバノキ科）

ヤシャブシの写真の説明に、「中村浩によればヤシャブシは〃夜叉五倍子〃ではなくて〃八塩五倍子〃がなまったもので、〃おはぐろ〃をよく染めるという意」とあるのには賛成できない。ヤシャブシのフシは五倍子の意味で、この木の実を、五倍子の代用として、煎じた汁を染料にしたり〃おはぐろ〃にも用いるのでこの名のあることは間違いない。

ただし、ヤシャブシのヤシャを八塩（八入）と解する意見には納得がいかない。中村浩は、その著『植物名の話』の『ヤシャブシは夜叉五倍子ではない」という章のなかで、「ヤシャはヤシホの意味でヤシホとは〃八塩〃または〃八入〃のことで、濃く染めることをいう」と述べているが、私は、ヤシャブシのヤシャは文字通り夜叉で、『牧野新日本植物図鑑』に、「夜叉は果球の表面がでこぼこであるから」という説明がほぼ当たっていると思う。

いうまでもなく、夜叉は仏語で、容貌や姿が醜く獰猛な鬼神のことで、ヤシャブシの表面のでこぼこした黒色の果実がいかにもグロテスクで醜悪な感じがするので、このように名付けられたものであろう。昔は天然痘を病んだため、いわゆる「あばたづら（痘瘡面）」の人が多かった。こうした「あばた面」をヤシャブシの実にたとえたものである。一例を挙げてみよう。

江戸末期の滑稽本、滝亭鯉丈の『花暦八笑人（第二篇の下）』のなかに次のようなやりとりの場面が出てくる。

呑七「イヤ面が厚いといえば菊石屋のヤシャブシの」

眼七「ヤシャブシとはなんだ」

呑七「ソレ菊石屋の息子。あの面を見ねえ、紺屋で使うヤシャブシのようだぜ」

こうした例によっても、昔の人がヤシャブシの果実の姿から醜悪な容貌を連想したことがよくわかると思う。

また中村博士は、同じ章のなかで、ヤシャビシャク（ユキノシタ科）のヤシャも、同様に八塩（八入）と解し、この植物の果実の煮汁を染料に用いたところからこのようにいうと述べている。しかしながら、ヤシャビシャクの果実の煮汁は、伊藤圭介の『日本産物志（美濃篇）』に、「熊野等ノ山村ニテ此実ノ煎汁ヲ以テ匣《はこ》等ニ色ヲ付ケ、桑材ニ擬ス」とあるように、熊野地方で昔これを箱などの塗料に用いたもので、染料として使われたものではない。従ってヤシャブシのヤシャを八塩（八入）と解することは、ヤシャブシとは別の面で理屈に合わない。（ヤシャビシャクの語源については、拙著『植物和名の語源』のなかで詳説した。）

（八八号）

## カツラ（カツラ科）

カツラの語源を、「香出《かづ》る（香りが出る）に由来するといわれる」とある。カツラはその葉が、青いうちは匂わないが、秋黄色くなって落ちるころになるとよく匂う。カツラの葉を採集して乾かし、これを粉にして抹香を作るから、マッコウノキ、コウノキといった別名がある。

カツラ（E）

カツラの語源を、『大言海』が「カズ（香出）カラ」と説明し、『東雅』には、「香あるをもて、かくしるしたらむ」と述べている。ほかに中国名の連香木にヒントをえたと思われる「香が連《つら》なって絶えないところから」（『本朝辞源』）といった説もある。『牧野新日本植物図鑑』には、『大言海』の「香《カ》出《ツ》」説を引用しており、上記の説明はこれに拠ったものらしい。落葉の香りに名前の由来を求めたこれらの諸説には、いずれも一理あるが、別にカツラの名は鬘《かつら》によるとの説があり、私はむしろこの説に賛成である。

牧野植物同好会の会員である古田満規子さんが、会誌三一〜三二号に「葵祭のアオイとカツラ」と題する文を発表され、そのなかで、京都の賀茂祭、一名葵祭において、祭にたずさわる人々の冠や烏帽子などの飾りに用いられたところから、カツラの語源は、挿頭《かざし》に用いた鬘《かつら》に基づくものではないかと述べておられるが、私も同感である。

昔は、例えば菖蒲鬘《あやめかつら》のように、草木を冠につけて挿頭《かざし》にしたものを鬘《かつら》と称した。本来は、青柳、菖蒲、百合、藻草、稲穂などいろいろの植物を髪の飾りとしたもので、これらを髪に結んだり、巻きつけたり、からませたりして用いた。植物の生命力を人の身体に移そうとする、いわゆる感染呪術によるものであるといわれている。従って鬘の語源を「髪鬘《かみつら》」もしくは「髪連《かみつら》」の転じたものと説く人が多い。

役者の用いる「かつら」も、その由来は同じである。

（九〇号）

**ホクロとジジババ**（シュンランの異名・ラン科）

シュンランの解説文中に、「シュンランのほかに、ホクロ、ジジババなどの呼び名があり、唇弁の濃紫色の斑点を顔のほくろや老人のしみにたとえている」とある。

シュンランにホクロの異名のあることはよく知られている。昭和一五年（一九四〇）刊行の『牧野日本植物図鑑』では、ホクロを正名とし、シュンランは異名の扱いになっており、昭和三六年（一九六一）刊行の『牧野新日本植物図鑑』にも、この記述はそのまま踏襲されている。これは漢名の春蘭（支那春蘭）は、細密には日本産のシュンランには当たらないとの理由によるものである。ただし、平成元年（一九八九）刊行のこの図鑑の改訂増補版には、シュンランを正名、ホクロを異名としている。

さてホクロの語源であるが、上記のホクロの語源の説明は、『牧野新日本植物図鑑』に、「唇弁にある斑点を顔面のほくろ（黒子）にたとえたものであろう」とあるのに拠ったことは間違いない。ただしこうした説明は昭和一五年の原版には載っていない。これは昭和三六年の新版に初めて掲載されたものであって、おそらく、この版の編集及び補遺の任に当たられた前川文夫博士が補筆されたものであろう。

ジジババ（シュンラン）（B）

しかし私は、この説には大いに疑念をもっている。その理由は、シュンランには、ホクロのほかに、ハクリ、ハックリ、ハツコリ、ホークリ、ホクリなどの方言があり、これらの方言を具《つぶさ》にみてゆくと、どうしてもハクリ→ハツクリ→ホクリ→ホクロの順序に変わったとしか思われず、同時にこうした転訛の基点とみられるハクリの方言を有するいま一つの植物サイハイランの名が浮かんでくる。このサイハイランこそ、ホクロの本家本元と考えられるからである。

ハクリがサイハイランの異名であるとする根拠は、この植物の地中に埋もれた根茎の形がクリ（栗）に似ており、その頭の部から直接、普通一枚の葉が伸びているので、ハクリ（葉栗）の名はこれから起こったものと推測できる点にある。このハクリがそのままシュンランの異名ともなり、ハクリ↓ホクリ↓ホクロと転訛したものではなかろうか。

それでは、何故本来サイハイランの異名であったとみられるハクリがシュンランに移ったのか。この点を私は次のように推測している。

すなわち、サイハイランの根茎には多量の粘液を含み、昔は花の時期にこれを採って、練ったり、粉末として、「ひび」や「あかぎれ」の薬として用いた。一方シュンランもまた、サイハイランと同様に、地下茎を粉末として、これを飯粒に混ぜ、練り合せたり、焼いたり煮たりしたうえ、布に包み、絞り出した粘液を「ひび」、「あかぎれ」の薬として、これを患部に湿布したものである。

このように、「ひび」、「あかぎれ」の特効薬としての効用が両方に共通しているうえ、花をつけたサイハイランに比べると、シュンランの方が、個体数としては遥かに多く、手に入り易い故に、いつしかサイハイランの異名であるハクリがシュンランの方へ移り、やがてホクロになったものと解釈される。シュンランにスゲハクリ（岩手）、スゲハックリ（秋田）などの方言のあるのはその証拠といえよう。私には、シュンランの花の斑点が「ほくろ(黒子)」にはとても思えない。

むしろ、この斑点を、別の方言ジジババの語源の説明にあるように、老人の顔の「しみ」に似ているというならば納得できる。現に前川文夫博士の『原色日本のラン』はこの説を採用しており、上掲の説明はおそらくこれに拠ったものであろう。

一方牧野博士は昭和六年(一九三一)一一月発行の『実際園芸』の中で、「花中の蕋柱を男の方のものに見立て、其下の縦褶のある唇弁を女の方のものに見立て能く地方で其れをぢいさん、ばあさんと称へて居る」と述べておられる。さらに昭和一一年(一九三六)三月一七日の『東京日日新聞』掲載の解説記事中に、同じく牧野博士は、「唇弁は白色で、紅紫点があり、その中央には縦に一つの溝があって、蕋柱がその後ろに立っている。その相対の有様から俗にぢいさん、ばあさんの名がある」と書いておられる。これには前のような露骨な表現が避けられているのは、掲載の場が日刊新聞だからであろう。(引用は『牧野植物学全集』巻四による)

要するに、シュンランの方言ジジババの語源については、以上の二説に尽きるようだが、いま少し視点を変えて、側弁、唇弁、花茎を含め、花を全体として眺めた場合、どことなく、邪気や屈託のない老人に似た姿が思い浮かばないだろうか。このような感じをもとに、数本ずつ群立《むらた》って咲くシュンランの花のうち、丈の高いのを老爺、丈の低いのを老婆に見立て、爺さん婆さんたちが、足許もおぼつかなげに立ち並んでいる、こうした情景を連想してジジババの名が生れた。私はこんなふうにも考えてみた。

思うに、方言の語源の解釈というものは、あまり細かく理詰めに考えるよりも、至極単純素朴な直感的印象に訴える方が案外正鵠《せいこく》を射ている場合が多いような気がする。


（一〇一号）

## アヤメ（アヤメ科）

アヤメの語源を、「外花被片の基部に、虎斑とよばれる黄橙色の斑文と紫色の網目模様が目立つ。アヤメの名は、この基部の文《あや》（綾）目《め》に由来する」とある。

この説明はまったくの誤りであると断定してよかろう。

何故ならば、『万葉集』をはじめとして、古代においてアヤメグサ（菖蒲）と称されたものは、サトイモ科のショウブ（白菖）のことだからである。こん日アヤメと称するものは、いわゆるハナアヤメであって、葉の形がアヤメグサに似ているので、このように呼ばれるようになったもので、アヤメはハナアヤメの略称である。

アヤメグサの語源については、『大言海』に、「文目草《アヤメグサ》の義（和歌ニあやめ草、文目《アヤメ》モ知ラヌナド、序トシテ詠ム）、葉ニ経理並行セリ、あやめトノミ云フハ下略ナリ」と説明している。アヤメ科のアヤメの葉にも、並行した筋が通っているので、こうした状態を文目《アヤメ》といい、これをその語源とする説は、『牧野日本植物図鑑』（一九四〇）にも載っている。すでにこの段階でアヤメグサとハナアヤメとが混同されているが、なかには、葉と花とを取り違えて、ハナアヤメの外花被片の基部の黄と紫の網目模様から文目《アヤメ》の名が起こったといったとんでもない語源説を載せた図鑑類も現れるようになった。上記の解説を書かれた人も、おそらくこうした図鑑のなかから不用意に孫引きされたものであろう。

ところで、本来のアヤメグサ（ショウブ）の語源を文目《アヤメ》に拠るという説にも異論があるから問題はややこしい。つまり文目をアヤメグサの語源とみることは、国語学的の面で、古代音韻の法則に合わないというわけである。

アヤメ（D）

この点については、かつて拙著『植物和名語源新考』においてすでに述べたが、同書には説明に不充分な部分があったので、次にこれを補いながら、要点を繰り返し説明してみよう。『万葉集』をみると、アヤメグサに対して安夜売具佐、安夜女具佐などの万葉仮名が当てられている。問題は、このうちの「メ」に当たる「売」及び「女」の文字にある。

かつて国語学者橋本進吉博士が万葉仮名を綿密に研究した結果、奈良時代の母音の数は現代より多く、しかも一三種類の音に対して、それぞれ甲・乙二種類のグループの万葉仮名が当てられ、両グループの間の混用はまったく行われていないということが明らかにされた。その説によれば、この現代の「メ」の仮名は次の甲・乙二つのグループに分かれているという。

甲——売、謎、咩、綿、馬、面、女など

乙——米、妹、梅、毎、瑇、昧、目、眼など

しかも、このような甲・乙二種類の仮名は、特定の単語に限ってのみ使用されることを特徴としていた。だから「売」とか「女」で表される「メ」の音は、文目《アヤメ》の「目」の音とはまったく異なったものということになる。従ってアヤメの語源を文目《アヤメ》とする説は学問的にはその根拠を失うことになる。

そこで谷川士清《ことすが》が『和訓栞』の中で、「菖蒲は貞観儀式に漢女草と見えたり、本義なるべし」という説が真実味を帯びてくるのである。つまり『貞観儀式』という、貞観年中（八五九〜八七六年）に行われた宮中の典礼を年月順に詳記した書物のなかに漢女草と明記されているので、これが正しい名称であるというわけである。こうして文目説が古代音韻の法則にはずれるとなると、国語学者の大野晋博士の唱えられているように、どうしても「菖蒲＝漢女草」説を支持せざるをえないことになる。

それでは、何故アヤメが古い時代に漢女草といわれるようになったかの点について私見を述べてみよう。

奈良時代には、菖蒲鬘《あやめのかづら》と称して、五月五日の節会《せちえ》に、天子や群臣などが皆これを冠に結びつけたもので、これは菖蒲は、蓬《ヨモギ》などとともに、悪魔を防ぐ霊力があるという中国古来の俗信によるものであった。この風習はその後も長く宮中で守られており、『枕草子』の「なまめかしきもの」の條に、「五月の節《せち》の菖蒲《あやめ》の蔵人《くろうど》、菖蒲《さうぶ》のかづら、赤紐の色にはあらぬを、領布《ひれ》、裙帯《くたい》などして、薬玉《くすだま》、親王《みこ》、上達部《かんだちめ》の立ち並《な》みたまへるにたてまつれる、いみじうなまめかし。取りて、腰にひきつけつつ、舞踏《ぶたふ》し、拝したまふも、いとめでたし。」とあるように端午の日に宮中では菖蒲《あやめ》の蔵人《くろうど》が、親王や公卿たちに、菖蒲にヨモギを配して作った薬玉を渡し、舞いを舞って見せたものとみえる。

ここにいう菖蒲《あやめ》の蔵人《くろうど》というのは、この日薬玉を列席の貴人らに賜わる儀式において、これを取り次ぐ役目をする女蔵人《にょくろうど》（女官）のことで、『枕草子』の「見物《みもの》」の條に、「菖蒲《あやめ》の蔵人、容貌《かたち》よき限り選《え》り出だされて」とあるように、若く美貌の女性がこの役に選ばれたものらしい。

よく知られているように、奈良時代の宮中には漢女《あやめ》と称して、朝鮮半島から渡来した、機織の技に長じた女性が華やかな役割を演じ、その名は当時の民謡にも歌われている。私はこの漢女《あやめ》が菖蒲の蔵人の役目を仰せつかり、菖蒲の薬玉を取り次いだことから、菖蒲を漢女草《アヤメグサ》と称するようになったのではないかと考えている。

（一〇六号）

## ユリ（ユリ科）

ユリの語源の説明に、「ユリは茎頂《けいちょう》に頭でっかちな花をつけるために、風に吹かれれば揺れる、すなわちユルから変じ、ユリになったという。あるいは寄り集まった鱗片葉の種子から〝寄り〟が転訛したとか、〝結《よ》る〟に由来するともいわれる。」とある。

確かにユリの語源については、江戸時代の国語学者や本草学者が諸種雑多な説を述べている。そのうち最も代表的なのは、『和訓栞』に「花大に茎細くして、風に揺るるに名づくなるべし」とあり、また『日本釈名』に「茎高く花大にして揺るなり」とあるように、「揺る」、「揺り動く」などから、「ゆり」の語が起こったといった説であろう。

別に曽占春の著『成形図説』には、「由利とは与利《ヨリ》という意《こころ》にて、本その根球《ネタマ》の幾重にも聚重《ヨリカサナル》より名づけしなるべし」とあり、寄り重なっているから「より」が「ゆり」になったといった説もある。

そのほかにも、「花の傾くところから、緩《ゆる》みの義」とか、「栄ゆるの〝ゆる〟が転じた」とか、麗《うるわ》しき花の〝うる〟が変化した」とか枚挙にいとまないほどである。ただし、これらの説はいずれも強いて同音の日本語に類を求めた付会の論といった感じのものばかりである。

これに対して、新井白石は、『東雅』の中で「百合　ユリと云ひし事は、日本紀に見えし所に拠るに、高麗百済等の地方の呼びし所と見えたり」と、ユリの語は朝鮮語に基づくことも考えられると記している点は同感である。朝鮮使節との折衝や詩文の交換などを通じて、江戸中期において、日韓文化交流の先駆者として、当時の知識人としては珍しく、朝鮮語の日本語への影響に眼を投じたことは、実に素晴らしい識見であるといわざるをえない。

私は、かねてよりユリは朝鮮語の nari の転じたものであると考えている。朝鮮語の nari はユリ属の一般名称で、そのうち巻丹（オニユリ）を Jchum-nari（真百合）といい、その他のユリを一般に Kai-nari（狗百合）と称する。ほんとうのユリはオニユリで、その他は全部イヌユリだというわけである。ただし、わが国では、古くオニユリを〝いぬゆり〟と称したから、この点大いにまぎらわしい。八丈島でユリの方言をイネラというが、これなどは朝鮮語のカイナリと関係があるように思われてならない。

今から二〇余年前、韓国史料研究所所長の金正柱氏にこの「ユリ＝nari」説についての見解を伺ったところ、即座に同感の意を表されたことを覚えている。

（一〇九号）

## チューリップ（ユリ科）

チューリップの項の説明文中に、「チューリップは、江戸時代に日本に導入され、古くはウッコンソウとよばれていた。〝鬱金香〟という漢字を当てることもあるが、牧野富太郎は間違いで

チューリップ（ウエインマン）

あるという」とある。

　ついこの間のことである。上記の文中に「古くはウッコンソウと呼ばれていた」とあるウッコンソウはウッコンコウの誤りではないかという問い合わせが、朝日新聞社の週刊百科編集部に寄せられ、私のところへ照会があった。早速調べてみた結果、ウッコンソウとあるのは誤りでウッコンコウでなければならぬことがわかり、その旨を回答した。

　この説明文は、『牧野新日本植物図鑑』に拠ったものらしいが、たといウッコンソウをウッコンコウと訂正したところで、こうした説明の仕方そのものがわかり難く、適当とはいえない。この個所は次のようにあるべきではないかと思う。

「チューリップは、江戸時代（一八六〇頃）に日本に渡来、明治に入ってその栽培が流行し、当時ウッコンコウ（鬱金香）の名で呼ばれた。ただし漢名を鬱金香と称する植物はまったく別物で、その正体は不明である。牧野富太郎は、『牧野日本植物図鑑』（一九四〇）において、この漢名を誤称とし、〝ボタンユリ〟の新称を掲げている。」

さて問題は、明治時代チューリップが流行を始めた時期に、何故ウッコンコウ（鬱金香）の名が当てられたかという点である。おそらく、チューリップの日本への渡来に先だつ一八三〇年（天保元）に刊行された岩崎灌園の『本草図譜』第一一巻に、ウエインマン（ドイツ人 Johann W. Weinmann 1687~1741）の植物図鑑に載ったチューリップの図四種をそのまま転載、これに鬱金香の漢名を添えているから、これに拠ったものであろう。

こうした事情によって、明治時代にウッコンコウ（鬱金香）がチューリップの別名として通用したものであるが、その実体がなんであるかはわかっていない。サフランの漢名との説もあるが、サフランの中国名は番紅花である。なお最近の『中国高等植物図鑑』をみると、チューリップに郁金香の名が当てられている。

（一〇九号）

## エンレイソウ（ユリ科）

エンレイソウの語源を、「エンレイソウは〃延齢草《えんれいそう》〃と書く。齢《よわい》を延ばす草という意味であるが、その由来は明らかでない」と述べている。

エンレイソウの語源については、『牧野新日本植物図鑑』には「語源はよくわからない」とあり、『大言海』には、「薬トシテ其ノ効能ニ拠ル名カ」とある。

私はかつて『植物和名の語源』という本の中でその語源について私見を述べたことがあるが、

エンレイソウ（D）

その要旨を次に繰り返し説明する。

『大言海』に「其ノ効能ニ拠ル名カ」とあるが、エンレイソウの根茎を乾したものを、民間薬で「延齢草根」と称して、胃腸薬や催吐剤として用いる程度で、齢を延ばすほどの効能はないように思われる。また延齢草の名は、『本草綱目啓蒙』、『本草図譜』、『草本図説』には見えるものの、江戸中期以前の本草書には、これについての記述がないところからみて、比較的新しい名前と考えられる。

私は、エンレイソウは北海道に縁が深く、日本列島を含む北東アジア全域に産するエンレイソウの八種が全部北海道に分布していることに着目、アイヌ語との関連を考えてみた。そこで知里眞志保の『分類アイヌ語辞典（植物篇）』を調べてみると、エンレイソウ全体を指すアイヌ語 emauri と呼ぶとのこと。私には、どうしてもこのアイヌ語のエマウリがエンレイソウの語源のように思われてならない。

すなわちアイヌ人から口移しにエンレイソウの名として内地人に伝えられたエマウリの語が、エマウリ→エムリ→エンレイと転訛し、その挙句エンレイに縁起のよい延齢の字が当てられ、やがて延齢草の名で呼ばれるようになったのではなかろうか。

なお江戸初期の医師曲直瀬玄朔《まなせげんさく》が創製し、当時庶民の間で人気を博した健康常備薬に延齢丹というものがあった。あるいはこうした名前が、延齢草の命名に影響を及ぼしているかも知れない。別名を延年草、延命草、養老草などともいうが、このうちとくに延命の如きはエマウリの音と非常によく似た感じがする。

『中国高等植物図鑑』をみると、延齢草がシロバナエンレイソウの正名として挙げてある。本来漢名でもなく、日本で生まれた延齢草の名が、最近になって中国で正式に採用されたのは、延齢草がいかにも中国人の好みそうな名前であるせいかもしれない。

（一一二号）

## ジャノヒゲ（ユリ科）

ジャノヒゲの語源の説明に次の如く書かれている。

知名は葉の形に由来するといわれているが、ヘビには髭がない。長さ一〇～三〇センチ、幅二～三ミリの細長い葉は暗緑色で束になって根元から生えており、〝蛇《じゃ》の髭《ひげ》〟のイメージとは裏腹に、美しく趣がある。

ジャノヒゲの語源の正しい説明にはなっていないが、著者がジャノヒゲの名に疑問を懐いていることはうかがい知られる。

ジャノヒゲの語源については、本書の別項「『古典の植物を探る』を推奨する」のなかに引用した細見末雄氏の説が妥当であると考える。

（一一二号）

## ミクリ（ミクリ科）

ミクリの説明に次のようにある。

葉はスポンジ状で柔らかく、断面がふつう三角形で、中国名の〝黒三稜〟はこの特徴を表したものである。（中略）果実になった雌性の頭花がクリに似ているところから〝実栗《みくり》〟と呼ばれる。

しかし先にあげた細見末雄氏の『古典の植物を探る』によれば、古い時代に「みくり」と称した植物は、上記のミクリ科のミクリではなく、カヤツリグサ科のウキヤガラのことであるという。

平安時代の文学作品である『蜻蛉日記』、『枕草子』などに現れる「みくりのすだれ（三稜簾）」は漢名を荊三稜というウキヤガラの茎で作ったもので、ミクリ科のミクリの茎は円くて細く簾《すだれ》を作るのにはまったく適さないとのこと。従って『広辞苑』のミクリ（ミクリ科）の説明に、

「茎は三稜形」とあり、さらに、「この茎を干して、それを編んで作った簾が三稜簾《みくりのすだれ》である」とあるのはまったく誤りということになる。確かにミクリ（ミクリ科）の葉の断面は三角形であるが茎には稜がない。

もっとも、「みくり＝ウキヤガラ」説はこの書の著者によって初めて唱えられたものでなく、『和訓栞』の「みくり」の條に、「倭名抄に三稜草を訓ぜり。新撰字鏡に莎をよめり、今伏見にてうきやがらといへり」とある。この記事は『本草綱目啓蒙』の「荊三稜」の條に、「ミクリ（和名抄）、ウキヤガラ（伏見）」とあるのに拠ったものであろう。

ミクリ（G）

また同條の説明文中に、「黒三稜ハコレモミクリト呼ブ」とあり、ここにいう黒三稜はミクリ科のミクリのことである。このように、「みくり」は一名にして二物、名実の混乱が甚だしいが、現在では、ミクリ科のミクリがこの名を独占し、本来の「みくり」がウキヤガラであるという事実を知る人はきわめて少ないのではなかろうか。ただし、こうした名実の混乱が何故に起こったかについては、細見氏は触れておられないので、私なりの考えを次に述べてみよう。

「みくり」の漢名荊三稜の荊は、『本草綱目』によれば、荊楚の地方に生ずる意味で、三稜は、カヤツリグサ科の植物の茎に多くみられる明瞭な三本の稜によるものである。これに対して、日本名の「みくり」は、「三刳り」の意味で、三稜が茎の凸部を意味するのに反し、茎の凹部は「刳《く》った」ようになっているため、これを「三つ刳り」と表現し、なまって「みくり」になったのではなかろうか。

一方黒三稜（葉に三稜があり、根が烏梅に似る故の名という）の漢名を有するミクリ科のミクリも、俗に「みくり」と称され、「みくり」の名ばかりか「やがら」という異名をも共有していたのはどうしたわけであろうか。この点については、両者とも「三稜」の文字を付した漢名を有し、ともに民間薬として用いられていたため、いつの間にか両者の名実が混同されるに至ったものと推測される。

ところで、荊三稜と黒三稜両者の実用的価値を比較した場合、古くは前者の方が遥かに高かったが、時代の進展とともに、「みくりの簾《すだれ》」なるものが姿を消すにつれて、その材料である荊三稜、つまりウキヤガラ自体が不用になり、その存在価値が薄れるに伴って、本来の「みくり」の名も人々の脳裏から消え去ってしまった。これに対して、黒三稜の「みくり」の方は、偶々その実の形が栗に似ていて、「みくり」の名にふさわしいので、ついにはこちらの方が「みくり」の名を独占するようになった。

こうした私の見解には、あるいは異論があるかも知れないが、少なくとも古い時代において「みくり」と称された植物がウキヤガラであったことは間違いのない事実であると思う。

（一一六号）

## ヒエ（イネ科）

ヒエの写真の説明文中、その語源について、「和名は〝日得《ひえ》〟で、日ごとに伸びる成長の早さからつけられたともいう」とある。

これは、『牧野新日本植物図鑑』のなかの説明をそのまま引用したものらしいが、この説明は『大言海』にもその通り載っている。さらに「日得説」を遡ると、天保五年（一八三四）に大石千引の著した『言元梯』にその源を発している。ただしこの「日得説」は、いかにもこじつけめいていて賛成できない。

このほか、『和訓栞』をみると、「微寒の物なれば性の冷る義なるべし」と、ヒエは「冷え」の意味だと説明、さらに「或は振り荏《エ》の義ともみゆ」とも述べている。ヒエの穂が風に揺れ、実がこぼれ易いからだというわけである。なんとも苦しい説明である。

さらにまた『東雅』には、「古語にヒいうはヨシという詞也。稗を呼びてヒエというは、荏《え》の如くにて、炊《かし》き食うに宜《よろ》しきを云いしなるべし」とあるが、朝鮮語に対して、先覚者的な深い理解を示していた新井白石にしては、あるまじき解釈のように思われてならない。

一方、『日本釈名』をみると、「いやし也、いやといえと通ず、しを略す。穀中のいやしきものなり。一説にいはえの発音也、えは鳥の餌也」とある。つまり貝原益軒の解説によると、稗の漢字のつくり〝卑〟、すなわち〝いやし〟の〝いや〟が〝いえ〟に変わり、さらに〝ひえ〟に転じたものか、あるいは〝ひえ〟の〝ひ〟は接頭語で、鳥の餌の意味ではないかということである。いずれにせよ、『養生訓』その他の名著を以て知られる碩学益軒先生のものとは思われない不得要領な説明である。

ヒエ（J）

ところが先に引用した『大言海』には、「日得説」を述べたあとに、「韓語　ひ」と付記してあり、また松岡静雄の『新編日本古語辞典』に、「稗の字音ヒ（朝鮮語 phi）と同源、エ（ye）は伸補音。（中略）恐らくヒは、大陸人の用いた言語で、稗はその音を写し、且禾を従うたのであろう」とある。私もこの朝鮮語 phi 説には賛成であり、かつて拙著『植物和名語源新考』にこれについて記したことがある。『日本書紀』神代巻に月夜見尊《つくよみのみこと》に殺された保食神《うえもちのかみ》の眼の中に稗が生じたことが書かれているところからみて、きわめて古い時代に、大陸からヒエの栽培法とともに、「ヒ」の原語が渡来し、これが長音化して、「ヒイ」→「ヒエ」と転化したもので、本来は「ヒ」と称していたように思われる。

（追記―一九九七年四月二五日の『朝日新聞』の記事によれば、このほど縄文早期における最大級の集落跡である函館空港遺跡群でヒエの種が見つかり、北海道埋蔵文化センターでは、二四日、約八〇〇〇年前の縄文時代早期中ごろに栽培されていたとみられているとのことである。）

（一一七号）

## オヒシバ（イネ科）

オヒシバ（Eleusine indica）の語源の説明に、「和名は〝雄日芝《おひしば》〟で〝雌日芝《めひしば》〟に対して大型で強そうな穂の姿に基づくものである」と述べている。

この説明は肝心の「日芝」の語源に触れていないので十分とはいえない。参考にしたと思われる『牧野新日本植物図鑑』には、「雌に対して大型の草状に基づく呼び名で、ヒシバとは、夏の烈しい日にかかわらず、盛んに繁茂することによるものであろう」とあり、この説明は、各種の図鑑類に必ずといっていいほど引用されている。

しかし私は、かねがねこの説明に疑念を懐き、いろいろ考えた結果、オヒシバはヒエ（稗）

に近い植物で、これを作物化したのがシコクビエ (Eleusine coracana) で、これと姿がよく似ているところから類推して、オヒシバのヒシバは、日芝でなくて、稗芝《ヒエシバ》ではないかと思い、そのことを拙著『植物和名の語源』に発表した。

『物品識名』をみると、オヒシバ、メヒシバは、それぞれオヒジハ、メヒジハと綴ってあり、古い植物図鑑や植物名彙にはそのように書かれている。これらの植物は、ヒエに似て、荒地や路傍に生える雑草だから、ヒエシバといったもので、初めはおそらくヒエジバと連濁で発音されていたものが、のちに詰まってヒジバになり、やがて末尾の濁音が澄んでヒジハに変わったものであろう。さらにまたヒジバに姿・形がよく似て、やさしい感じのDigitaria adscendensをヒジハに対してメヒジハといい、これに伴って、本来のヒジハをオヒジハと称するようになったものと推測される。

（一一八号）

## ヒノキ（ヒノキ科）

ヒノキの語源を、「和名は〝火の木〟の意味で、ヒノキの材をすりあわせて火をおこした古代の習俗に基づくといわれる」とあり、この「火の木」説は、昔から広く通用してきた。しかしながら、国語学者によると、古代にあっては、「ヒ」の音に甲・乙の二種類があって、それを万葉仮名で表す場合、火の音は乙類の仮名斐《ひ》で表したのに対し、ヒノキの古語桧《ひ》には甲類の仮名比《ひ》が用いられたので、「ヒノキ＝火の木」説は音韻学的には成り立たないということである。しかも甲・乙二種類の音を混用することはまずないというから、この説に信を置かざるをえない。

また新井白石は、『東雅』のなかで、桧をヒノキといったのは後代のことで、本来は単に「ヒ」と称したものであるから、ヒノキの語源を「火の木」とすることは理屈に合わないという意味のことを述べている。これでは、いよいよ以て「ヒノキ＝火の木」説は誤った俗説ということになる。

では、桧を「ヒ」と称するようになったのは何故か？　契沖は『日本書紀』に、「桧ハ以て瑞《みずの》宮《みや》ヲ作ル材トスベシ」とあるように、宮殿の材にするくらい尊い木であるから、桧の「ヒ」は、最高のものを表す日《ひ》（音は甲類の比《ひ》）に基づくものではないかという意味のことを述べている。古来日すなわち太陽は、万物を生成する働きをもった存在であり、これから不思議な力を意味する霊《ひ》という言葉が生じたともいうから、日もしくは霊を以て桧《ひ》の語源とする考え方には素直に納得できるような気がする。

（一二六号）

ヒノキ（G）

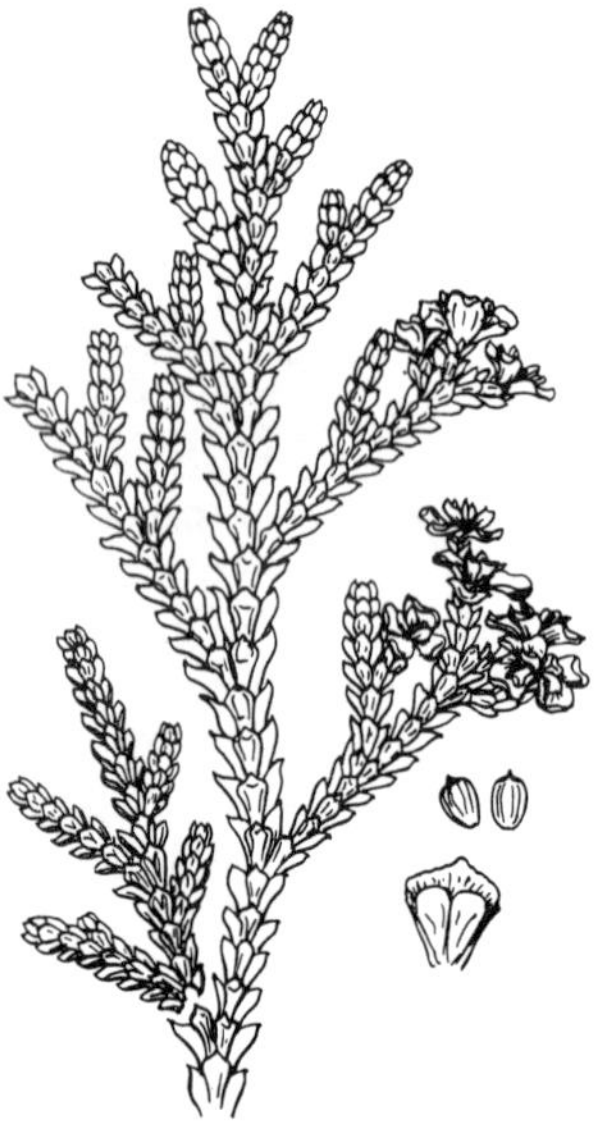

アスナロ（J）

## アスナロ（ヒノキ科）

アスナロの語源を次のように説明している。

アスナロという和名は、一般には、〃明日はヒノキになろう〃の意味とされる。しかし古くは〃阿《あ》須《す》桧《ひ》〃とか〃当《あて》桧《ひ》〃と呼ばれていたことから、葉の厚いヒノキ、あるいは気品の高いヒノキの意味であるともいわれ、実際にもアスナロの材質がヒノキに劣るというわけではない。西日本ではサワラをナロとよぶ地方もあることから、アスヒの〃ヒ〃が〃ナロ〃に転じてアスナロになったと解釈できるかもしれない。

上記の説明のうち、とくに後半において、「アスヒの〃ヒ〃が〃ナロ〃に転じてアスナロになったと解釈できる」という点には些か本末転倒の感なきをえない。「サワラをナロと呼ぶ地方がある」というが、ここにいう「ナロ」は「アスナロ」の略で、現にアスナロを略してナロというところもある。サワラをアスナロともいうから、サワラを「ナロ」と呼ぶ地方があってもおかしくない。従って上記の語源の説明は、本末を取り違えたまったく無意味なものといわざるをえない。

私は、アスナロの語源については、すでに小林・深津共著『木の名の由来』のなかで詳しく述べたが、私見を要約すれば次の通りである。

① アスナロは、古くはアスヒと称した。これは厚桧《あつひ》のなまったもの。

② アスナロの俗称「アテ」は、アツヒ↓アテヒ↓アテと転化したもの。

③ アスナロの古名「あすはひのき」は、「明日は桧」ではなく、厚葉桧《あつばひのき》の転化したもの。

④ 「あすはひのき」は、桧《ひ》が「ひのき」と呼ばれるようになった平安時代以後の言葉。

（一二六号）

# 二　ツバキの花の落ち方について

―中村浩著『植物名の由来』を読む―

中村浩博士の『植物名の由来』の「キツネアザミは眉掃にもとづく名」という章の中に次のような文章がある。

「〃一人静ひっそりと咲く藪の蔭〃などという俳句は、嘘っぱちも甚だしいものである。俳人の中には、ろくに実物を知らず、実地の情況を見たこともないのに、勝手に想像をたくましくして、迷句をひねりだす人がいるが、困ったことである。」

「もう一つ、ついでに俳句の悪口をたたいてみると、吉村冬彦氏の『柿の種』という随筆集の中に、椿の落花のありさまを詠んだ漱石の句が載っている。それは〃落ちざまに虻《あぶ》を伏せたる椿かな〃という句である。この句は、巧みに椿の落花のさまを表現しているようにみえるが、実際このようなことはありえない。

椿の花は、花が終わると、花冠とそれにくっついている雄しべの束が一緒に抜け落ちて地上に落下するが、花の下部（筒になっている部分）が重いので仰向けになって落下する。（中略）

したがって、この句は事実をあらわしておらず、素人の想像の産物といえよう。名句かも知れないが、植物学的には迷句である。」

念のため冬彦（寺田寅彦）の『柿の種』にどのように書かれているか、調べてみると、次のように出ていた。

今朝庭の椿が一輪落ちていた。調べてみると、一度俯《うつむ》向きに落ちたのが反転して仰向きになったことが花粉の痕跡からわかる。測定をして手帳に書きつけた。

此の間、植物学者に会ったとき、椿の花が仰向きに落ちるわけを、誰か研究している人があるかと聞いてみたが、多分ないだろうということであった。

花が樹にくっついて居る間は植物学の問題になるが、樹からはなれた瞬間から次後の事柄は問題にならぬそうである。

学問というものはどうも窮屈なものである。落ちた花の花粉が落ちない花の受胎に参与する事もあるのではないか。

〝落ちざまに虻を伏せたる椿哉〟という先生（注―漱石）の句が、実景であったか空想であったかというような議論に幾分参考になる結果が、その内に得られるだろうと思っている。

中村博士の上掲の文章は、冬彦のこの随筆によったものであることは間違いない。私はこの文章が気になり、わが家の庭に高さ二メートル余の白花ヤブツバキと、三メートル余の白侘助があるのを幸いに、実際の落花の状態を観察してみることにした。白花ヤブツバキは、一二月頃から一、二月にかけてさかんに花をつけ、白侘助は、一一月頃から一～三月にかけて花を開く。いずれも単弁であることはいうまでもない。

地上に落ちた状態を注意深く調べてみると、白花ヤブツバキの方は、平均して一〇個のうち一個半がうつ伏せになっているのに対し、白侘助の方は、一〇個のうち二個がうつ伏せになっていることがわかった。試みに、満開の花を約二メートルの高さから落としてみると、両種とも、ほとんど全部の花が仰向けに地上に落ちた。白花ヤブツバキの場合には、いったんうつ向きに着地しても、反動をつけて仰向けに変わる。この点冬彦の書いた通りである。

従って、少くとも二メートル以上の高さに張り出した枝から落ちた花は、ほとんど仰向けになることは間違いない。ただし、これがわれわれの家の庭木となると、事情は異なってくる。ツバキを庭木として植える場合、余程広い庭でない限り、枝葉を苅り込んで、あまり側枝を伸ばさないのが普通である。こうした庭木にあっては、花の落ち方は複雑であって、途中になんの障害物もなく地上に落下する場合とは著しく違うようである。

わが家のツバキでは、樹高二メートル余の白花ヤブツバキの最下端の枝は地上四〇センチ、樹高三メートル余の白侘助のそれは地上六〇センチ、咲き終わった花の落下する状態を観察すると、多くは密生した葉の表面を滑るようにして落ちるが、なかには茂った枝葉の中をくぐり抜けながら、なん度も反転しながら落ちるものもある。こうした複雑な動きをするうちに、枝や葉の反撥力というものが、いろいろな形で花の落ち方を制御することは間違いない。それでなければ、一五〜二〇パーセントの確率でうつ伏せになった花がらが見られる道理がない。むろん落下の際に風の影響が幾分かあるかも知れないが、このような高い確率は、風だけでは説明できない。また白花ヤブツバキの方が、白侘助に比べて、うつ伏せになる確率が低いのは、この花がらの重心が下の方にやや片寄っているせいかも知れない。いうまでもなく、これは庭木として小じんまりと手入れしたツバキの話だから、大島や青森県の椿山など、自然木の群生しているところでは、地上に落ちた花がらのうつ伏せになる確率は、これよりも遥かに低いに相違ない。

さてそこで、漱石の句が、実際に作者が見たままを詠じたものか、単なる想像によるものかは、私自身経験がないから、なんとも断定はできない。しかしながら、庭前の落ちツバキにうつ伏せになったものがある限り、その下に虻《あぶ》が潜んでいることも皆無とはいえず、また花の筒部の底の蜜槽に食らいついた虻が、花のまま地上に落ちたとすれば、重心が逆転するので、地上で花がうつ伏せになる道理であり、こうした光景が、植物学的及び物理学的にまったく起こりえないとは言い切れないのではなかろうか。

ツバキの話はそれくらいにして、前掲の〝一人静ひっそりと咲く藪の蔭〟の句に戻るが、引用した著者の文章の前にこんな説明がある。

「ちなみにヒトリシズカという名についてであるが、これは源九郎義経の愛妾静御前の名にちなんで命名されたものといわれているが〝一人静かに咲いている〟という連想を起こさせる、いかにも情緒的な美しい響きをもった名である。ところが、早春の花が咲いているところへ行ってみると、おびただしいヒトリシズカが押しあいへしあい叢生していて、とても一人静という情景ではない。ラッシュアワーなみの混雑である。」

いうまでもなく、ヒトリシズカは、同属のフタリシズカが、二本ないしそれ以上の花穂を有するところから名づけられたのに対し、花穂が一本であるため、このように呼ばれたもので、別段「ひとり静かに咲いている」という意味ではない。ヒトリシズカが数本群立して咲き、またその故に趣のあることは常識である。だからといって、この俳句を、「嘘っぱちも甚だしい句」と断ずるのは、いささか酷なような気がする。一人静を「ひっそりと」と受けたところなど、多少気にならぬでもないが、必ずしも、実況をまったくわきまえない「嘘っぱちも甚だしい句」とまではいえないのではなかろうか。

こうして書いてくると、単にツバキの落ち具合に対する反ばくやら、俳句の批評に対する再批判だけに留まらず、中村博士の著『植物名の由来』全般についての批評を試みたくなった。

以前よく人から、この本に取り上げられた植物名の由来について質問を受けることがあり、そのような場合には、遠慮のない私見を述べてきたが、この本全体にわたっての批評は、これまで筆にしたことはない。しかし正直いって、この本の内容全般にわたって大きな不満がある。当初『採集と飼育』に連載の始まった頃から、知人よりそのコピーが送られ、毎回読むうちに、どうしても納得できかねる点が次々と見つかり、さらに単行本になってから、あらためて通読するにつれ、一そう不満の度が深まった。私も、永年植物名の語源について乏しい知恵を絞ってきただけに、そうした思い入れは、他の人より深かったかもしれない。このような不満を公にすることなくこれまで過ごしてきた私も、知らぬ間に齢を重ね、今や余命幾ばくもない身として、思うことを黙して語らないのは、まさに「腹ふくるるわざ」であり、またのちに続く人々のためにもならぬと判断、思いきってこの本全体にわたり、私の不満とする点を述べることとした。他の人の書かれたものに対して、いささか見当違いではあるが、痛烈きわまる批判を敢てされている著者が、ご自身の杜撰な考証に対して、まことに寛大であることを考えれば、少し手厳しい批評になるかも知れぬが、大方の読者はこれを了とされるものと信ずる。ただし、この本に記された植物名の全部について詳細な批評を行うとなると、膨大な紙面を要するので、ここでは、とくに重大な誤りもしくはまったく不可解とする点に留めた。これらの重大なる誤りもしくは不可解とする諸点を要約・例示すれば次の通りである。

**(1) 年代的にみて理屈に合わぬ説明が多い**

例えば、スミレの語源を、旗印の「隅入れ《すみいれ》」によるとあるが、この「隅入れ」は、正しくは「隅取り紙」のことで、指物の一種である。『古事類苑（兵事部）』について調べてみると、「指物」の項に、「指物ハ（中略）戦場ノ標識ニシテ大永ノ頃ヨリ起ル」とあり、大永年間（一五二一〜二七）より前には指物はなかったことは明らかであるから、これを以てすでに、奈良時代の『万葉集』に詠まれているスミレの名の語源とすることは、まさに無茶としかいいようがない。また「隈取りの紙」の名は、『古事類苑』によれば、『大友興廃記』及び『陰徳太平記』の二書に見られるが、これらはいずれも戦国時代の記録である。なおまた「隈取り紙」を「隈入れ紙」と言い替えた例は見当たらず、察するに「隈入れ角《かく》」と呼ぶものがあるため、これにならって、著者が勝手に読み替えたものらしい。

次にキクの語源のところで、キクは、古語でククと称したという説は、新井白石も、『東雅』にこのことを述べており、これはよいとして、日中貿易が古代から始まる旨を説明したのち、「日本のノジギクが、この貿易航路を通じて中国に渡ると同時に、和名のククも伝わり、これが中国で菊（キク）と転訛し、栽培品として日本に再来し、そのままキクとよばれるようになったと思われる」と述べている。漢字の菊が紀元前の『漢書』に出ていることを考えると、日本語のククが、有史時代にキクの原種とともに中国に渡り、菊となって、栽培品といっしょに逆輸入されたといった説は、到底成り立ちようがない。

さらにまたツバキのツバは刀のつば（鍔）に花の形が似ているから「鍔木ではないかと思う」と書かれているが、そもそも刀の鍔は、『和名抄』に「都美波」とあるように、古くは「つみは」と称したもので、「つば」と呼ばれるようになったのは平安時代後期のことである。だからこの「つば」が『古事記』にその名が現れるツバキの語源でありうる道理がない。

続いては、「ホオズキは文月《ふづき》にもとづく名か」と題する章に出てくるホオズキ（ナス科）の語源である。この本の著者は、ホオズキの語源を、「頬突《ほほつき》ノ義カ」とする『大言海』の説、及び「この植物の茎に方言でホオとよばれるカメムシの類がよくつくのでホオヅキの名がある」という『牧野新日本植物図鑑』所載の説（もともとは貝原益軒が『日本釈名』で唱えた説）などを退け、新たに文月《ふつき》説なるものを提唱している。

この説を要約すると、陰暦七日のことを文月《ふづき》といい、江戸時代この月に市が立ち、これを「文月市《ふづきいち》」といい、この市では「盆踊用の小形の提灯を売っていた」。この提灯は小形で、赤く、〃文月提灯〃とよばれており、これが転じてホオズキチョウチン、略してホオズキと呼ばれ、植物のホオズキは、その果実がホオズキチョウチンに似ているのでホオズキと呼ばれるようになったというわけである。

ホオズキ（D）

ところが、不思議なことは、この本の著者が、この章の冒頭に、『栄華物語』の中の「御色白くうるわしう、ほほづきなどをふくらめ、すえたらむやうに見えさせ給ふ」という一節を引用している点である。いうまでもなく、『栄華物語』は、一〇世紀から一一世紀にかけての宮廷を中心とする貴族社会の歴史を物語風に書いたもので、これによって、平安中期において、すでにホオズキを吹き鳴らす習慣があったことが明らかである。

それにもかかわらず、著者はホオズキの名は、江戸時代の文月提灯によると主張する。そのことの大変な時代錯誤にまったく気付かれなかったのであろうか。察するに、『栄華物語』が平安中期の物語であることを著者がご存じないままにたまたま、『大言海』に引用されていた上記の一節をそのまま孫引きされたものであろう。弁解の余地のないミスである。

著者はまたホオズキチョウチン（酸漿提灯）からホオズキの名が生じたように考えているが、これはまったく逆で、ホオズキに似て、赤く、小さく、可愛いいのでホオズキ提灯の名が起こったというのが定説になっている。ちなみに、酸漿提灯の名の初めて現れる文献は、寛永一九年（一六四二）に松永貞徳の合点した発句や付句を編集した俳諧集『鷹筑波集』であって、これに「ほおずきや口びるでしも吹ぬらんろうそくの火をしめすちようちん」と載っている。

**(2) 肝心な部分について引用書など典拠が明確に示されていない**

前に述べたスミレの語源のところの「隈取り紙」の挿画は、明らかに『日本国語大辞典』よりの転載である。この図は、『武用弁略』と題して、木下義俊が貞享元年（一六八四）に著した、近世における武具武芸についての本に載ったもので、この書名は同辞典の図にも付記してある。このほか『平塞録』をはじめ、この章に引用している文句はすべて同辞典からの孫引きである。無論孫引きそのものは悪いことではないが、少くともここに掲げた挿画の出所だけは明記すべきであった。本文中に、あたかも著者の祖父君の蔵書中にこの文献があり、これに拠った如く書かれているが、書名の記載がない限りこの事実も疑わしく、また原典に当たっていれば、少くとも指物の始まった年代を取り違えるような初歩的な誤りは犯さないはずである。

次に、「マツムシソウは仏具から出た名」の中で、マツムシソウの語源を、「花後いちじるしくふくれ上がって坊主頭のようになった」果実が、芝居で使う小道具の一種で「マツムシ」と称する叩き鉦《がね》とその姿が似ているのでその名が起こったというように書いている。辞書で調べると、「松虫」は、「歌舞伎で下に伏せてたたく鉦で、撞木《しゅもく》でたたく。六部や巡礼の出端《でば》に普通二個並べて同時にたたく。また淋しさを添える音として、念仏の場面や墓場・寺院などの立回りなどにも用いる」とあり、その名の起こりは、音色

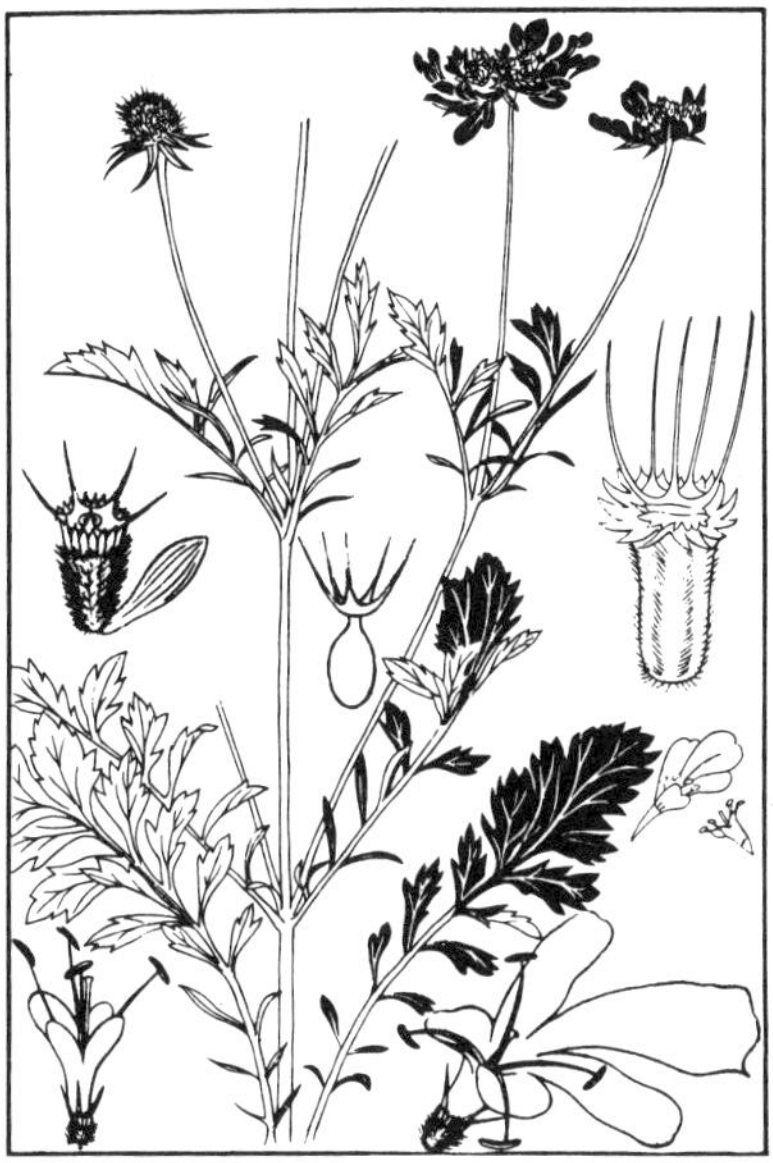
マツムシソウ（D）

が松虫の鳴く音に似ているからだという。

ところが、この書に図示されている松虫鉦なるものは、一向に見た覚えがなく、図の出所や典拠が示されていないので、不審を懐き、念のため、芝居の小道具の専門家である藤波小道具株式会社の係員及び芝居の小道具の収集家として著名な宮本卯之助氏の収集品を展示する浅草の太鼓館などにも、この図を示して鑑定をお願いしたところ、いずれも、松虫鉦は知っているが、「この図のような形のものはまったく知らない」、「見たことも聞いたこともない」との返事だった。この本の著者は、松虫鉦が芝居で使われたことを証拠だてる文献として、『日本国語大辞典』に、引用された『劇場新話』、『八笑人』(著者が芝居の書物と注記したのは誤りで、文政年間に刊行された滑稽本)、『若風俗』(西鶴の『本朝風俗』の別称)などをそのまま孫引きされているにかかわらず、肝心の挿画の形状の松虫鉦について何らの出所・典拠が示されていないのはおかしい。芝居の小道具の専門家がまったく知らない珍らしいものであれば、なおさらその出所が示さるべきではなかろうか。

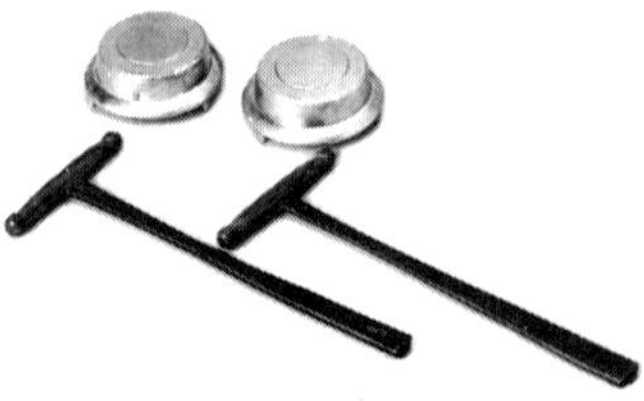

松虫鉦『江戸歌舞伎』
江戸東京博物館図録より

参考までに一九九七年四~六月、江戸東京博物館で開催された特別展「江戸歌舞伎」に展示された本来の松虫鉦の図を示してみよう。(上図)
なお、仏具の叩き鉦(伏せ鉦)も、ほぼこれと同じ形をしているが、仏具の場合には「松虫」とはいわない。歌舞伎の小道具に限られた名称である。従って、「仏具から出た名」という表題自体が間違っている。

### (3) 従来定説となっている植物名の語源解釈に対し殊更に異を唱え、無理にこじつけた説明を加えたものが多い

これまでに説が定まり、概ね疑う余地のない植物名の語源の解釈に殊更に異論を唱えたものが多い。無論筋さえ通っておれば、異論を述べるのは決して悪いことではない。しかし、この本の著者の場合、無理にこじつけたり、まったく理解しにくいものがほとんどである。次にいくつかの植物名を例示し、その説明に納得できかねる点について述べてみよう。

#### (イ) フウロソウ（フウロソウ科）

フウロソウを風露草と書くのは間違いで、風炉草または風呂草が正しいという説である。フウロソウの仲間にはいろいろあるが、挿画や本文の記述を見る限りでは、どうも著者のいうフウロソウはタチフウロらしい。しかし、本来のフウロソウは、伊藤伊兵衛の『地錦抄附録』に風露草とあり、同書にその図が載っている（図2）。

この図には、「花形梅花のごとく、色濃紫、四月咲、葉に切り込有、しほらしく夏の比《ころ》より紅葉することありて見事也、花葉もながめよし」と説明が付記され、牧野博士は、この図により本来の風露草はイブキフウロと断定されている。牧野博士に限らず、小野蘭山の『本草紀

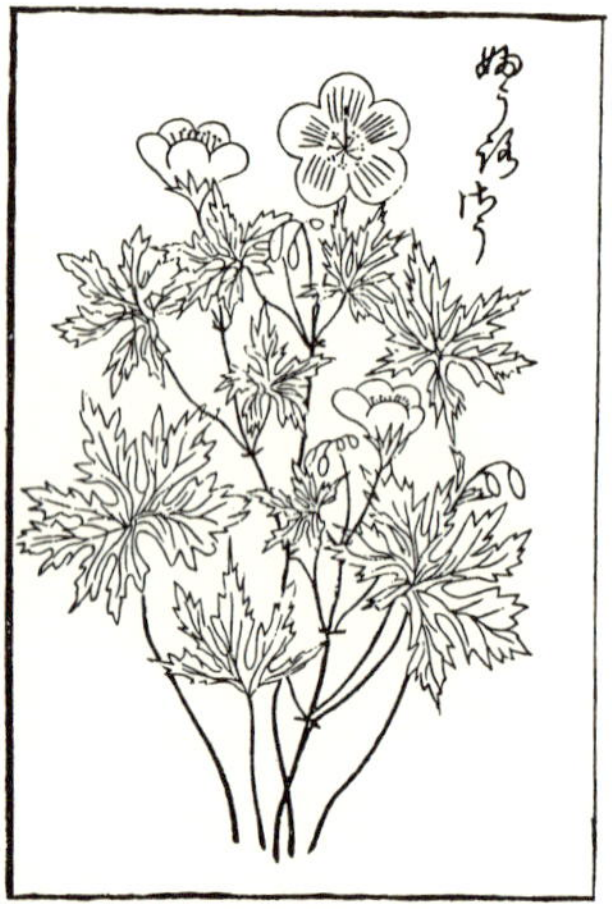

フウロソウ（A）

聞』及び伊藤圭介の『日本産物志（近江の部）』にも、同様のことが記されている。

これら本草及び植物学の碩学が一致してイブキフウロとする風露草をタチフウロであるとするならば、先ずそのことの論証が行われなければならない。こうした論証もなしに、いきなり、たまたま目にしたタチフウロの成育個所の地形が、「四角の区画で、三方が閉じていて、一方が開いている」いわゆるフロ（風炉や風呂）の形に似ているというだけの理由で、風露草は誤りで、フウロソウは風炉草もしくは風呂草であると結論づける著者の説に納得のいく道理がない。植物学者としての常識を疑われても仕方がない説である。

ちなみに、風露草の語源は、正確にはわからないが、『荘子』の「吹《カレ》レ風《ニ》、飲《ム》レ露《ヲ》」の句によったもので、俗界を離れ、仙境に生ずる草の意味で名付けられたものではなかろうか。いずれにせよ雅趣に富んだ名前で、あえて異議を唱える必要はないように思われる。

なお、俗にゲンノショウコをフウロソウと称することがあるが、厳密にいえばこれは誤りである。

(ロ)　**ホタルブクロ**（キキョウ科）

「ホタルブクロは提灯のこと」と題する章で、これまでの通説となっている「子供がこの花に蛍を入れて遊んだから」という語源の解釈を誤りとして、次のように説明している。

ホタルという言葉は、つまり〃火垂る〃であり、虫名としてはホタル（蛍）となったが、日常語としては提灯のことをいったものである。（中略）わたしはホタルブクロの花の形が提灯に似ているので〃火垂る袋〃とよんだのだと思う。

ホタルをこの植物の吊鐘形の花の中に入れて遊ぶのは、田舎の子供たちが、昔から馴染んだ習慣であり、こうした風習そのものをずばり表したホタルブクロの名は、きわめて親しみ深い呼称であるにもかかわらず、このような詩情豊かな名前を真向から否定し、あまりにも即物的な提灯を持ち出すあたり、著者のセンスに大いに問題があるような気がしてならない。

なお、多年「あかり」について調べている私自身、日常語として提灯のことを〃火垂る〃といったなどという話は、いまだかつて聞いたことがない。

(ハ) **ヨメナ**（キク科）

「ヨメナは果して嫁菜か」と題する章に、ヨメナは嫁菜でなくて鼠菜であるという、まさに珍説が述べられている。その理由として、鼠のことを「嫁が君」とか「嫁の子」あるいは単に「嫁」という。これは正月三ヶ日の間鼠をさしていう忌詞《いみことば》である。この本の著者は、諺に「秋ナスは嫁に食わすな」とか「山でうまいはオケラにトトキ嫁に食わすは惜しうござる」とある嫁は、すべて鼠のことで、うまいものを鼠に食われることが惜しい旨を表したものだと推定す

ヨメナ（D）

る。同様に、ヨメナのヨメも、嫁ではなくて鼠だというわけである。驚くべき思考と論理の飛躍であって、この間になんらの論証もない。秋茄子といい、オケラ、トトキ（ツリガネニンジンの方言）といい、いずれも美味なるが故に、姑が嫁に食わすのを惜しがるという、庶民生活における人情の機微をうがった、いかにもユーモラスなこれらの諺を、鼠に食われるのが惜しい意味だと、至極薄弱な根拠にもとづいて、いともあっさり断定したうえ、故にヨメナは嫁菜でなくて鼠菜であると結論する、著者の乱暴きわまる所論は、ただ不可解の一語に尽きる。

### ㈡　**スギナ**（トクサ科）

「ツクシ考」という章の中に、ツクシの栄養茎であるスギナの語源は、杉菜ではなくて、「継《つ》ぎ菜」ではないかと書かれている。これは、スギナの方言にツギクサ・ツギツギグサ・ツギナなどがあるが故の発想らしいが、「全体の姿がスギに似ているから杉菜という」とされるこれまでの定説はきわめて自然であり、「スギナ」を「ツギナ」の転訛とみる思考法にはいささか無理があり、例によって、反対のための反対論としか思えない。

(ホ) **ゴマ**(ゴマ科)

ゴマは、古い時代に中国から渡来し、本家の中国では、漢の時代張騫《ちようけん》が大宛国、つまり当時の胡国といわれた地域から持ち帰ったので胡麻といい、日本でもそのままこの漢名を用い、ゴマと称したというのが、従来の動かし難い定説である。

それにもかかわらず、この本の著者は「ゴマは油を含んだ種子の意」と題する章の中で、「ゴマの種子は一向に麻の種子に似ていない。麻の方が遥かに大粒である。またマを麻としても〝ゴマ〟ということになってしまう」というだけの理由で、ゴマは胡麻ではないとし、次のように結論づけている。

ゴマは古くは〝うごま〟といわれたが、〝う〟とは烏《からす》のことで、つまり〝黒い〟ということ。古くは油のことを〝ゴ〟または〝ゴウ〟といったので、ゴマのゴはこの油のことだと思う。(中略)つぎにゴマの〝マ〟はミ(実)に通ずる言葉で、種子のことをいったものであろう。したがって、ゴマとは〝油を含んだ種子〟という意味に解釈される。

著者は、動かし難い説をなんとかして動かそうとしたため、重大なミスを犯している。すなわち、著者は油を古くは〝ゴ〟または〝ゴウ〟といったというが、実は〝ゴ〟または〝ゴウ〟と称するものは、大豆を水に浸して、これをすりつぶした汁のことで、豆腐の原料や染料もしくは彩料として用いたものである。油を含んではいるが、油そのものではない。従ってゴマの油とは、まったく別の範ちゅうに属するものであり、しかもこれらは、中世以後の比較的新しい言葉であって、『大宝令』にその名の出てくるような胡麻（ゴマ）の語源となりようがない。

(ヘ) **ユキノシタ**（ユキノシタ科）

ユキノシタの語源にはいろいろの説があるが、漢字を当てるとすれば、「雪の下」であることに異議を唱える人はほとんどないであろう。しかし、この本の著者は「雪の下」ではなくて「雪の舌」が正しく、五枚の花弁のうち、下の二枚が著しく長く垂れ下がっているのを、二枚の舌とたとえたものだという。その根拠は、ユキノシタに、ベコノシタ（青森）、トリノシタ（山口）といった方言があるからだというが、これらの方言は、この植物の葉の裏面が赤味を帯びているから、葉を舌にたとえたもので、花弁とは関係がないのではなかろうか。

同音異義の言葉の多い日本語のことだから、強いてこじつければ、なんとでも云い替えができるにしても、著者の「雪の舌」説に賛成する人はまず少なかろう。

(ト) **カラスウリ**（ウリ科）

およそ植物名は、長い間の人間と植物との付き合いのなかから、自然に生まれた言葉が多く、学者や知識人が無理に付けたような名は、少なくとも古い植物名には見当たらないのが普通である。カラスウリも、こうした自然発生的な名前の一つで、食べられそうでいて、食べられないのでカラスの名が付いた。カラスザンショウ、カラスノゴマ、カラスノエンドウ、カラスイチゴ（ヘビイチゴ）などカラスの名の付く植物は、食用にならず、しかもなんとなく品下がるのが通性である。著者はカラスはこの植物を決して食べないというが、カラスの名を付したのは蔑称の意味を込めたもので、実際にカラスが食べる食べないの問題ではない。

烏瓜（カラスウリ）で別段不思議も不満もないと思われるのに、この本の著者は、なにが気に入らないのか、「カラスウリは唐朱瓜か」と題して、カラスウリの漢字名は烏瓜ではなくて唐朱瓜であると、実に突飛な説を述べている。説明によると、唐朱は唐墨に対する言葉で、唐から伝来した朱墨をいい、秋色づいたこの植物の実をこの色にたとえたものだという。唐朱という言葉は、いろいろな辞書を探してみたが見つからない。著者は、「古い墨のことを書いた文献を渉猟しているうちに出会ったのが〝唐朱〟という言葉である」と記しているが、肝心の文献の名が挙げられていないので、確かめようがない。ただし万一〝唐朱〟という言葉があったにしても、これを「からす」と訓ずることなく、「とうしゅ」と読むはずである。

カラスウリが烏瓜であってはなぜいけないのか、この文章を読む限りでは、どうしても理解できない。また本章の終わりの方で、スズメウリも、「鈴女瓜《すずめうり》」であって「雀瓜」ではないと主張しているが、あの丸くて小さく、可愛らしいスズメウリが、なぜ雀瓜であってはならないのか、この点もさっぱりわからない。

(チ)　**クチナシ**（アカネ科）

私は、クチナシの語源は、この植物の六本の角をもつ橙黄色の実の殻が、いかにも角の根元

クチナシ（Ｉ）

を中心にはじけて、中の種子が飛び出しそうに見えながら、一向に口を開けないので、「口無し」といったものと考えていたら、この本の著者は、「クチナシは口無しではない」と真向からこれに反対を唱えている。説明によれば、クチナシは、クチナワナシの変じたものだという。クチナワは蛇の古名であって、「クチナワナシは、変化してクチナシナシとなるが、ナシが重複するので一方を省略してクチナシとなったのではないかと思う。つまりクチナシは〝口無し〞ではなくして〝朽梨〞ということになる。これはクチナワのナシ、つまり蛇梨という意味だと思う」とあり、さらに続けて、「クチナワナシ、つまってクチナシは〝蛇は食べるが人間には食べられない〞というような意味だと思われる。ヘビイチゴの別名をクチナワイチゴと呼ぶ例からも、ヘビナシというべきところをクチナワナシとよび、これがクチナシに変転したものだとわたしは解釈する」と述べている。

なんとも回りくどくて、わかりにくい説明だが、クチナシの実を蛇が食べるとは初耳である。どうやらこの著者は、まともな解釈では気に召さず、幾重にもひねりにひねった異論を唱えねば気がすまぬといった傾向が強いように思われる。

## (リ)　クマザサ（イネ科）

クマザサの名で呼ばれる笹は大きく分けて二通りあり、隈笹というのは、葉縁が白く隈どられた特定の品種のもので、通称をクマザサというのは、チマキザサ、ネマガリダケなど、山地に生える数種類の笹で、普通熊笹の漢字を当てる。

この本の著者は、「クマザサは熊笹でない」と題した章の中でこのことを論じたのち、後者の熊笹の漢字名は誤りで、本当は〝米笹〟だという。笹が開花結実したものを〝笹米〟と称し、昔はこれを米の代用とし、また古くは米を「くま」と称したので、〝米笹〟は「くまざさ」と発音され、のちに〝熊笹〟に転化した。大体このように説明されている。

クマザサ（G）

よく知られているように、笹は何十年もの周期で開花結実し、その実は食用とされ、とくに飢饉に備えてこれを蓄えたものというが、開花結実は、クマザサ以外の笹類をはじめ、モウソウ・ホウライチクなどの竹類にもみられる現象で、ひとりクマザサに限られたものではない。

また古代において、米を「くま」と称し、熊本、熊襲、球磨川などの「くま」はいずれも米の意味であると、戦前白柳秀湖が唱えたことは確かだが、もともと米を意味する「くま」の語は、〃供米《くまい》〃から生じたもので、とくに神前に供える米のことである。従って、上記のような地名はともかく、一般的に「くま」を米の意味に用いた例はあまり知られていない。

このような理由から、著者の〃米笹〃説は、素直にこれを肯定する気になれない。

さらに、この本の「クマシデ、クマヤナギは熊とは関係がない」という章では、クマシデ・クマヤナギ・クマツヅラ・クマタケランなどはいずれも、米粒に似た果実もしくは蕾《つぼみ》をつけるから、その名に冠した〃クマ〃は、熊ではなくて〃コメ〃の意味だという。これに対して、クマイチゴ・クマコケモモ・クマワラビの〃クマ〃は熊の意味だという。

同じ〃クマ〃の名のついた植物名のうち、どれが熊で、どれが米を意味する〃クマ〃だか、著者の説明を読んだだけでは呑み込めない。私には、どうも著者ご自身の都合のよいように熊と〃クマ（米）〃とを使い分けているように思われてならない。果たして熊と〃クマ（米）〃との区別が厳密にできるものなのか、またそうした必要があるのかどうか、この本を繙いただけではよくわからない。

### (4) アイヌ語に基づく植物名の考証が不十分である

「シオデは牛の尾に似た草という意」と題する章の中で「『牧野新日本植物図鑑』には〃シオデ（ユリ科）は北海道のアイヌの方言シュオンテによるものである〃と記されている。そこでわたしはアイヌ語辞典をしらべてみたが、ついにこのような言葉は見出すことができなかった」と述べているが、知里眞志保博士の『分類アイヌ語辞典（植物編）』のシオデのところをみると、〝Shwote〟とはっきり載っている。著者は、アイヌ語辞典にないというので、シオデの語源を漢名の牛尾菜を引合に出して、次のように説明している。

シオデの若草の姿を見て、牛の尻尾を連想したものと思う。そしてこれを〝牛の尻尾のようなもの〟と思い、〝牛尾デ〟とよんだものと思う。このウシオデのウが消滅してシオデになったものと考える。ちなみに〝デ〟は古語で形のことをいう。錦の形をしたものを〝錦で〟といい、金襴の形をしたものを〝金襴で〟というのがその例である。

だが、この説には重大な誤りがある。すなわち古語で形のことを〝デ〟というとして、〝錦で〟、〝金襴で〟をその例に挙げていたが、本来これらの例の場合の〝デ〟は、ある物を基準として、これと同種同質のものをいう場合の語で単なる物の形を表す言葉ではない。従って〝牛尾デ〟などという名前はありようはずがない。このこじつけはひど過ぎる。

また「シウリザクラは枝折桜である」の章では、シウリザクラ（バラ科）は、学名をPrunus ssioriといい、シウリザクラではなく、シオリザクラであって、この場合のシオリは、『大言海』に「枝折《しお》りトハ奥山ナドニ入ル人ノ木ノ枝ヲ折ツテ目標トスルモノ」とあるように、「特に雪山に分け入るときなど、（杣人《そまびと》）がこの枝を折り大切な目印にした」と説明している。無論『大言海』にいう「枝折り」は、「柴折《しばお》り」から転じた当て字である。

ところが、『牧野新日本植物図鑑』にもあるように、シウリザクラの名は、アイヌ語の〝Si. wri〟によるもので、上掲の『分類アイヌ語辞典（植物編）』にも出ている。「枝折桜」説も着想としては面白いが、学問的には、アイヌ語説が動かし難いものになっている。著者は「アイヌ語辞典をしらべてみたが云々」と述べているが、どのような辞典を調べてみたのか記すべきではないだろうか。

### (5) 国語学的に疑問とされる点が多い

ゴマ（胡麻）の語源の説明のなかで、実を意味する「ミ」をいとも簡単に「マ」と読み替えてみたり、「錦で」の「デ」を単なる物の形と解するなど、国語学的に疑問とされる点が多い。以下その他の疑問点を挙げてみよう。

(イ) ナツノタムラソウやアキノタムラソウの名で知られるシソ科の植物タムラソウの語源を、「葉の表面が濃い紫色をしているので〝多紫草〟（タムラソウ）とよんだのではないかと思う」とあるが、〝多紫草〟という漢字名自体がきわめて不自然な名前であり、またこれをタムラソウと読むことは、国語学的にみてありえないと思う。

(ロ) ハコベ（ナデシコ科）の古名ハクベラの語源を「わたしは、ハクとは〝帛〟のことではないかと思う。帛とは〝綿の精美なるもの〟をいうハコベの茎からでる白い糸を帛に見立てたものではないだろうか。そしてベラとは古語で〝群がる〟ことをいうのだと思う。これは漢名の〝繁縷〟に当たる」と説明している。ハコベの語源が漢名の繁縷によるという着想はよいとしても、その説明たるや、不可解である。だいいち「ベラとは古語で〝群がる〟ことをいうのだと思う。」というが、これは著者が勝手に思うだけで、そんな古語はない。それに音、訓の区別も考えずに二語を結びつけるなど、およそ国語学の常識では考えられない説である。

(ハ)「ソナレの真意は磯馴れではない」と題する章で、ソナレムグラ・ソナレマツムシソウなどの〝ソナレ〟は「石馴れ」であって、「磯馴れ」ではないとあるが、昔から海岸に生ずる松を磯馴《そな》れ松といい、磯の近くに、潮風のせいで低くなびいた木を磯馴れ木と称するように、海岸性の植物に冠する「ソナレ」が「磯馴れ」であってなんの不思議もないと考えるが、あえて「石馴れ」が正しいとする、それこそ著者の真意がわからない。

(ニ)「ワビスケは侘しい花ではない」という章で、ツバキの園芸種ワビスケの語源を説明するうち、「ワビスケの花は決して侘びしいものではなく、美しいものである」と述べている。著者は、ワビスケの語源を、「侘助」という男が、秀吉の朝鮮戦争に従軍し、彼の地からこれを持ち帰ったから命名されたという俗説を支持しているが、その説の当否はともかくとして、「侘しい」(みすぼらしい意)と、茶道などでいう閑寂の風趣を意味する「侘《わび》」とを混同している。これでは、ワビスケのいま一つの語源説である「侘数寄《わびすき》」などの意味はこの著者によって理解されようもない。

## (6) 科学的に正確さを欠く説明が目につく

「ハンゴンソウは煙草と関係がある」という章の中で、「東北地方では、ハンゴンソウの若葉を山菜として食用に供するが、この苦味はタバコのニコチンと一脈通ずるものがある。むかしの人は、このハンゴンソウの葉を乾してつくったタバコを吸って、一種の麻薬に似た幻覚症状を呈したのではないかと思う」と記し、こうしてこの草がタバコの代用とされたことから、タバコの呼び名反魂草《はんごんそう》の名がついたのではないかと推定している。

しかし、これらは、あくまでも著者の想像であり、仮説に基づくものである。だから、この仮説が事実であるためには、この植物に幻覚症状を起こす物質が含まれており、かつこれがタバコの代用にされたという事例を挙げ、論証されなければならないのに、それがまったく行われていない。

また「ヤシャブシは夜叉ブシではない」の章中で、ヤシャビシャクの語源を説明、ヤシャビシャクにヤシホの別名のあることを述べたのち、「ヤシホは〝八塩〟または〝八入〟のことで、八塩（八入）とは、〝濃く染めること〟をいう」と記し、よって「この植物をヤシホビシャクがヤシャビシャクになったものと思われる」と結論づけている。しかし、ヤシャビシャクの果実の煮汁は、箱などの色付けに塗料として用いたもので、染料としての用途はなかった。従って浸染を繰り返す意味の〝八入〟がこの植物の名になりようがない。むしろヤシャビシャクの別名として『大和本草』に載ったヤシオの別名は、逆にヤシャビシャクのヤシャから転じた名と考えられる。

著者が科学者であるだけに、これらの点についての科学的論証が不十分であることは致命的欠陥である。

**むすび**

以上中村浩博士の『植物名の由来』の内容について、遠慮のない批判をさせて頂いたが、冒頭にお断りしたように、あくまで重大な誤りとかまったく理解のいかない点にとどめ、かつて私が自らの見解を発表し、この本と見解の相違する植物名の語源についてては、主観の問題が絡むので、これに対する批判を省略した。(例—ヨモギ・ハンゴンソウ・ヒキヨモギ・アスナロ・ヤシャブシ・ゴンズイ・ニワトコ・ウグイスカグラ）またなかには、クズ・イボタ・ウワミズザクラ・ケンポナシなど、語源の解釈が妥当であると考えられ、賛成できるもののあることも確かである。しかし、これらはほとんど先人の説を踏襲しており、著者の独創に係る語源解釈には賛成できないものが多い。

著者は、「あとがき」の中で、「ある夕セミはどうしてセミになったかということが話題になった。親父は頭をかかえこんでいたが、わたしは、〝セミは背中を見せて木にとまるから背見ではないですか〟といったところ、親父はびっくりして、〝お前の発想は面白いぞ、そうかも知れない〟と大いにほめてくれた。爾来ことあるごとに私は語源を探索することに興味を抱くようになった。」と述べておられる。

セミの語源は背見であるといった解釈は、語源俗解（フォルクス・エティモロギー）と称して、国語学者が忌み嫌う語呂合わせ的手法である。本文中に、ツバキの語源を「鍔木」としているなどはこのたぐいである。中村博士の語源解釈の基本は、どうもこうした語源俗解の手法にあるように思われてならない。つまり、直観的発想だけが著しく先行し、これを追っかけ追っかけ、なんとか理由づけせんものと、厳密な考証を経ぬままに、無理なこじつけを行う。こうした点が多いのがこの本の根本的欠陥であると思う。

これまで、私が再三主張してきたように、植物は遠い昔から常に私どもの身近にあり、その名前も、人間生活との深い係り合いの中から自然発生的に生まれたものが多く、なかには、植物の生態・形状・分布といった植物学的要素に基づくもの、あるいはアイヌ語・朝鮮語・中国語など古代交渉のあった民族の言葉に由来するものも少なくない。しかも遠い歴史の流れに洗われて、言葉が転訛を遂げ、様々な形に変わったものもある。こうした複雑多岐な要素を克明に分析し、誰しもが納得できる解釈を下してゆくのが植物名語源解釈の正道ではないかと考える。

中村博士の『植物名の由来』は、発行所の話では、大変よく売れた本だという。植物の名の起こりについて、一般の関心の深い証拠であるとともに、著者の立派な肩書がこの本の内容に信憑性を与えたことも否定できない。それだけに、この本の犯した多くの誤りが、もしも真実として読者に受けとめられたとしたならば、社会教育上由々しい問題であり、著者の責任も大きいといわざるをえない。この本の忌憚ない批判を思い立ったのも、こうした点を懸念したからのことである。

中村博士は、戦前より生物発光の研究家として知られ、昭和一七年（一九四二）弘文堂から刊行された『冷光』という本は、蛍をはじめ蛍イカ、夜光虫などの発光についてわかり易く書かれたもので、戦後私はこれを古本屋で見つけ、興味深く読み、私の灯火史研究資料として少なからず役立った。このような立派な専門書を過去にお出しになった中村博士が、何が故にこのような畠違いの分野で欠陥の多い本を公にされたのか理解に苦しむ。

本来ならば、誤りと思われる点あるいは疑問点については、いちいち著者に確かめ、釈明を求めてのち、今回のような批判を公表すべきであるが、なに分にもご本人は十数年前に物故されており、これも叶わず、とりあえず思うままを筆にした次第である。万一私の理解に誤りがあったような場合、ご指摘とご教示をえられれば幸いである。

## 三　シダ植物の和名
### ―『日本の野生植物』（シダ篇）記載の語源について―

最近シダの良い図鑑が刊行された。平凡社の『日本の野生植物』シリーズ中のシダ篇（岩槻邦男編）がそれである。絶滅種などを除いた六〇四種、三四変種を含む九八六点について鮮明なカラー写真を駆使して、これに詳細な説明を付し、私ども素人にとってもきわめて頼り甲斐のある立派な図鑑である。

ただし、この図鑑の説明文を読んでいくうちに、和名の語源の説明に疑わしいものが散見され、読者に無用の誤解を与えかねないので、参考までに、これらを次に指摘し、私見を述べてみよう。

(1)　**ナンカクラン**（ヒカゲノカズラ科）

本州南部をはじめ、琉球・台湾などの森林中の樹幹や岩の上に垂れ下がったり、斜め上を向いて着生するシダである。

このナンカクランの語源を、「和名は江戸時代の文人、服部南郭にちなんだという説もある」

と説明している。おそらくこれは、『牧野新日本植物図鑑』に、「日本名の意味ははっきりしないが、徳川時代に服部南郭という学者があったが、恐らくこの人とは無関係であろう」とある説明に拠ったものと考えられるが、文中の「恐らく無関係であろう」という肝心な文句をあえてカットして、「という説もある」と言い替えたことは、引用の方法上大きなミスである。無論牧野博士は、その否定的な表現からも推定できるように、単なる当座の思いつきを疑わしきまま筆にされたもので、江戸時代の著名な儒学者であり詩人でもあった服部南郭（一六八三～一七五九）とこのシダとはなんの関係もない。

ナンカクランの「ナンカク」はクジャク（孔雀）のことで、昔中国ではクジャクを南客と称した。現に『国訳本草綱目』の孔雀の項をみると、その冒頭に、「越鳥　時珍曰く、孔とは大の意味である。李昉は南客と呼んだ。梵書にはこれを摩由羅《まゆら》といってある」と説明している。思うに、二又状に数回分岐しながら垂れ下がったこのシダの形状を、樹にとまったクジャクの尾の姿になぞらえたものであろう。

ナンカクラン（シダ植物）（G）

これによく似たものに、同じ仲間

のヨウラクヒバがある。これなども、ラン科のヨウラクランと同様に、その下垂する姿を、仏像の天蓋などの装飾に用いる瓔珞《ようらく》に見たてたものである。

岩崎灌園の『本草図譜』巻三八には、「なんかくらん」の別名として、「いわもみ」、「えんこうそう」を挙げ、またヨウラクヒバを「一種なんかくらん」として、その図を載せている。

(2) **トウゲシバ**（ヒカゲノカズラ科）

トウゲシバは、全国至るところの山地に見られるシダ植物で、とくに珍しいものではない。この図鑑では、トウゲシバのほか、ホソバトウゲシバ、ヒロハウトウゲシバ、オニトウゲシバの三種を区別しているが、なかには、中間型が多いというので、細かい区分をしない向きもある。ただしこの点ここでは関係ない。

問題はトウゲシバの語源である。その説明をみると、「和名は峠芝の意で、生育場所と形状をひと言で表現している」とあるが、この文章には理解がいかない。察するにこれは、『牧野新植物図鑑』に、「峠付近に生ずる小さな草、又は針葉樹のヒバに類する植物の意味というが、別に葉が何層にも重なるところから塔華芝説もある」と述べた説明文を簡略化したものと想像されるが、こうした簡略の仕方では、なにを意味するのか読む人にはわからない。

牧野図鑑に述べた「峠付近」という産地説と、「別にいう」と前置きした「塔華芝」なる形状説は、両説ともそれぞれまったく異なった根拠に基づくもので、これらをひとからげにして、トウゲシバなる「ひと言で表現している」と説明したのでは、理解のいく道理がない。

上記の引用文について、正確を期すべく、これを牧野博士の直接筆をとられた昭和一五（一九四〇）年版の『牧野日本植物図鑑』に当たってみると、「和名峠柴並ニ峠檜葉ハ峠ノ辺ノ山地ニ生ズルヨリ云フ」とあり、トウゲシバ（あるいはトウゲヒバ）の名は、峠の辺の山地に生育するからの名としているのが本来の牧野説である。

これに対し、いま一つの「塔華芝」説は、一九七一年に現代語訳の『牧野新植物図鑑』刊行に際して、新版の編纂に協力された前川文夫博士がご自分の考えを一説として付記されたものである。従ってこの場合は、牧野博士の産地説（峠芝）をとるか、前川博士の形状説（塔華芝）をとるかの二者択一であって、一名にして二義を兼ねるといった考え方は成り立たない。当否は別として牧野図鑑（新版）の説明文を引用する限りにおいては、両説を併記するのが本来の筋であろう。

ところで、トウゲシバの語源に関する私見を述べれば、失礼ながら、牧野博士の「峠の辺の山地に生育する」からという説は当たらないと思う。なぜならば、私どもの経験では、この植物は山の林の中や路傍など、幾分湿ったところならば、峠とは全く無関係に、どこにでもこれを見つけることができ、あえて峠の名で呼ぶにふさわしくないと思われるからである。

そこで、前川博士の「塔華芝」なる形状説の支持に回らざるをえないが、この「塔華芝」ではいかにも語感が不自然であり、私の考えでは、おそらく、その茎が幾層にも分岐している姿を形容して「塔形芝《とうぎょうしば》」といったのが、なまって「とうげしば」になったのではないかと思う。

その姿を塔にたとえた点では、中国名の「千層塔」もその軌を一にしているとみてよかろう。

また水谷豊文の『物品識名』に、「トウゲシバ　ずしもどき　奥州会津」とあるようにその形を厨子（仏像などを収納する箱形の仏具）にたとえた方言のあることも注目すべきであろう。

なお『物品識名』では「トウゲシバ」とあるのに対し、『本草図譜』では「トウゲヒバ」の名を用いているが、そのいずれが本来の名であるかはわからない。

(3)　**ヤシャゼンマイ**（ゼンマイ科）

ヤシャゼンマイは、谷川沿いの岩の間などに生じる夏緑性のシダで、ゼンマイに比べて、かなり小振りであり、ゼンマイより厚手の葉が小羽片を整然と並べた姿には、なかなか優雅な趣がある。そのためか、観賞用にしばしば庭に植えられる。

この図鑑のヤシャゼンマイの語源の説明に、「ヤセ（痩）ゼンマイがなまったという説と、ヤシャゴ（玄孫）ゼンマイがなまったという説がある」と述べられているのは、『牧野新日本図鑑』の記述そのままである。

その点では問題なく、またこれらの説に一途《いちず》に反対するものではないが、いずれも不自然な感じはぬぐえない。私は、別にヤシャゼンマイの〝ヤシャ〟は、優男、優形、優言葉、優書《やさぶみ》、優心、優風情などの〝優《やさ》〟で、この〝優〟を冠した「やさぜんまい」がなまってヤシャゼンマイとなったもので、姿、形のやさしいゼンマイの意味ではないかと考えている。

(4) **ヤマドリゼンマイ**(ゼンマイ科)

やはりゼンマイの仲間のヤマドリゼンマイは、寒い地方の明るい湿原などに大小の群をつくって生育する。ゼンマイのように巻き込んだ若芽は、淡い赤褐色の綿帽子を被っており、若葉は茎の部分ともどもに食べられる。くせのない素朴な味があり、これを好む人が少なくないという。

ヤマドリゼンマイの語源を、この図鑑では、「ヤマドリのすむようなところに生えることによるといわれる」とあり、これも『牧野新日本図鑑』に書いてあるのを、そのまま引用したものらしいが、この語源説は当たらないと思う。なぜならばヤマドリは普通森の中に住み、このシダの生えるような明るい湿原には棲息しないからである。

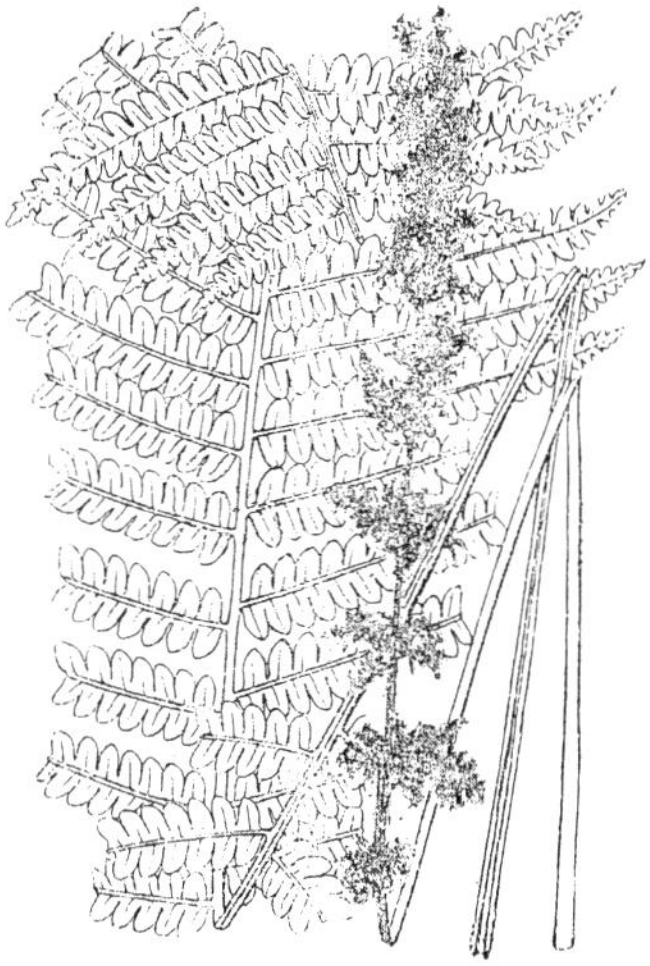
ヤマドリゼンマイ(G)

ヤマドリゼンマイの特徴は、なんといっても栄養葉に囲まれて直立する赤褐色の胞子葉である。胞子葉には胞子嚢群がびっしりとついているが、熟して落ちてしまってからも、しばらくの間は、赤茶色の棒を立てたような姿で残る。こうした姿をヤマドリの尾に見たて、ヤマドリゼンマイの名が起こったとみる方が遥かに実態に適《かな》っているような気がする。「山鳥の尾」といえば、長いもののたとえとして、古くから歌などに詠まれており、このシダの著しい特徴をとらえたヤマドリゼンマイの命名は、昔の人にとってごく自然な発想だったのではなかろうか。

クサソテツ（イワデンダ科）の異名「ガンソク」（雁足）も、このシダの胞子葉を、水かきを縮めたときのガン（雁）の足の姿に見たてたものである点これとよく似ている。

(5) **エビラシダ**（イワデンダ科）

関東・東海道・神戸の六甲山・紀伊半島・四国の深山などにまれに産するシダで、関東地方では、富士山麓地帯をはじめ、丹沢・大山などに見られ、とくに大山は基準産地として知られている。東京近辺では、日原・裏高尾・恩方などで観察された記録がある（『野草』No. 195, No. 299）。

湿った岩壁や石の多いところに生え、葉柄と葉身とに境があって、くびれており、あたかも折れ曲がっているように見えるのがこのシダの大きな特徴で、そのためジクオレシダ（軸折れ羊歯）の別名もある。

その語源を、この図鑑には、「和名は葉柄（矢とみなした）をやや斜めにつける葉面を箙《えびら》とみて、この名がある」と説明している。おそらく、これは『牧野新日本植物図鑑』に、「箙《えびら》羊歯の意味で、矢をさしこんである箙に見たてたものであろうと新たに考える」（原版の記述は「其葉形弓ノ箭ヲ挿ス箙ニ似ルトシテ其名ヲ呼ビシ者乎」とあるのによったものらしいが、上述の説明では、箙を矢羽（矢の上端につける鳥の羽）と誤解しているような節がみえ、理解に苦しむ。

いうまでもなく、箙は武士が矢を入れて腰につける容器で、葛《つづら》・竹・柳などを編んだものが多く、なかには革や毛皮で作ったものもあった。この箙の内側に〃おさ〃と呼ぶ簀子《すのこ》を入れ、これに鏃《やじり》を挿し込み、収めた矢が抜け落ちないように、矢束《やたばね》の緒でこれを束ねる。こうして矢を収めた箙は、武士のまとった鎧《よろい》の右側の腰に、後緒《うしろお》と称する紐で結びつけたものだが、こうすると、重心の関係でどうしても箙ごと矢が斜めうしろに傾くことになる。このような姿を連想して、このシダの葉柄に対して傾いた葉面を、箙に挿した矢一本一本の矢羽に見たて、エビラシダの名が起こったものと想像される。となると、「葉面を箙とみて」という説明では意味をなさないことはいうまでもない。

ちなみに、エビラシダのほかにも、エビラの名を冠した植物にマメ科のエビラフジ、エビラハギ（シナガワハギの別名）などがあるが、これらも、それぞれ茎から斜め上方に突き出た複葉もしくは三出葉を、箙に挿した個々の矢の矢羽に見たてた名ではないかと思う。

# 四　『古典の植物を探る』を推奨する

今から数年前、八坂書房から刊行された『古典の植物を探る』（細見末雄著）と題する本を贈られたことがある。

一読して、その所論に共感できるものがあり、教えられるところが多かったので、早速著者宛に所感を書き送るとともに、一、二の点について質問を行い、これに対して丁重な返事を頂戴した。

このような好著であれば、さぞかし植物愛好家の間で関心を呼んだことであろうと、版元に問い合わせたところ、売れ行きは余り香しくないとのことだった。あたら（可惜）このような良書の存在が広く知られぬままに、姿を消してゆくことは残念至極であり、少くとも植物の名前に関心のある方々に読んで頂きたく、以下とくに私がこの本のどのような点に共感を覚えたかについて述べ、同書を江湖に推奨する次第である。

(1)　『万葉集』に詠まれた「えぐ」はクログワイではない

この本の冒頭に掲げられた一文であるが、『万葉集』巻一〇の歌「君がため山田の沢にえぐつむと　雪消の水に裳《も》の裾ぬれぬ」に詠まれた「えぐ」なる植物については、古来多くの人がいろいろな説を唱えてきたが、そのうちの主たるものは、セリ（セリ科）のクログワイ（カヤツリグサ科）の二つである。

『広辞苑』をはじめ、『岩波古語辞典』、『日本国語大辞典』など、権威ある国語辞典の多くが、「えぐ」をクログワイとしている。

クログワイを定説であると結論づけている松田修の『増訂万葉植物新考』をみると、「えぐ」をクログワイとする根拠として次の二点を挙げている。

㋑　クログワイには、エグ・ヨゴ・エゴンなどの名があり、これは恵具和蘭（エグワイ）から取ったものである。

クログワイ（J）

ロ　万葉集にはセリを詠んだ歌があるが、これはいずれもセリ（芹子・世理）の名で詠まれており、エグという名は見当たらない。

このクログワイ説は、『万葉集代匠記』をはじめ、賀茂眞満・橘千蔭・白井光太郎などの万葉学者や植物学者の多くによって支持されてきている。

ところが、この本の著者細見氏は、次のような理由を挙げてセリ説を主張している。

イ　クログワイは、泥の深い溝や田に生じ、高さ七〇〜八〇センチ、径四〜五ミリ程度の太さの茎が立ち、その先に穂をつけ、通常の葉はない。またその茎は中空の筒形で、中にごく薄い横膜があって茎を補強している。筒形の茎は固く、食用にならない。食べるのは泥の中にある地下茎の先に付いたイモで、それは掘り取るもので、「摘む」という形容は合わない。

ロ　上掲の歌は、「春の雑歌」の中の一首で、題は「雪を詠む」とある。当時の春は旧暦の一月からで、現在の冬に当たり、そのような時期にクログワイはまったく芽を出していない。

ハ　正月七日に若菜を食べる風習は、奈良時代初期にはわが国に伝わっており、宮中では、初期には正月初の子の日に、後には同月七日に七種《ななくさ》の若菜を供御《くご》し、こうした節会の供物を「えぐ（会供）」と称した。

ニ　「雪わけてえぐの若菜の生ひにけり、今日のためとはいかで知りけん」と『忠度集』にあるように、後世「えぐの若菜」の名で複数の草が呼ばれた。

㋭『夫木集』の中の「袖たれてあら田のくろにえぐ摘めば、ひばりは雲に打ち上りつつ」とあるように、セリは、田の中、畦《あぜ》や畔《くろ》、沼、沢などに生じる多年草で、秋から地下茎より芽を伸ばし始める点が「えぐの若菜」に最もふさわしい。

㋬従って、上掲の歌の「えぐ」は、会供《えぐ》のための若菜としてセリを摘む情景を詠んだもので、特定の草の名ではないと思われる。

まことに明解な説明であり、また『後拾遺集』中の曾禰好忠の歌「根芹つむ春の沢田におり立ちて、衣のすそのぬれぬ日ぞなき」は、上掲の『万葉集』の歌を本歌とした取歌である旨述べているのも共感できる。

(2)『枕草子』の「かにひ」の花はなにか

『枕草子』の「草の花は」の段に、「かにひの花色は濃からねど藤の花といとよく似て、春秋と咲くがをかしきなり」(『日本古典文学大系』)とある「かにひの花」について、私は、かつて『植物和名の語源』という本の中で、紙の原料であるガンピ(雁皮)の考証を行った際、これを藤の花と色の似通ったジンチョウゲ科のフジモドキ(芫花)と解してしまった。『古典文学大系本』の頭註に、「岩菲《がんぴ》の転かという。仙翁花。春咲きと秋咲きとあるが藤の花には似ていない。一説に〝藤〟は〝ふし〟の語りかとする。」とあると記してあるのをうっかり見落としてしまったのである。

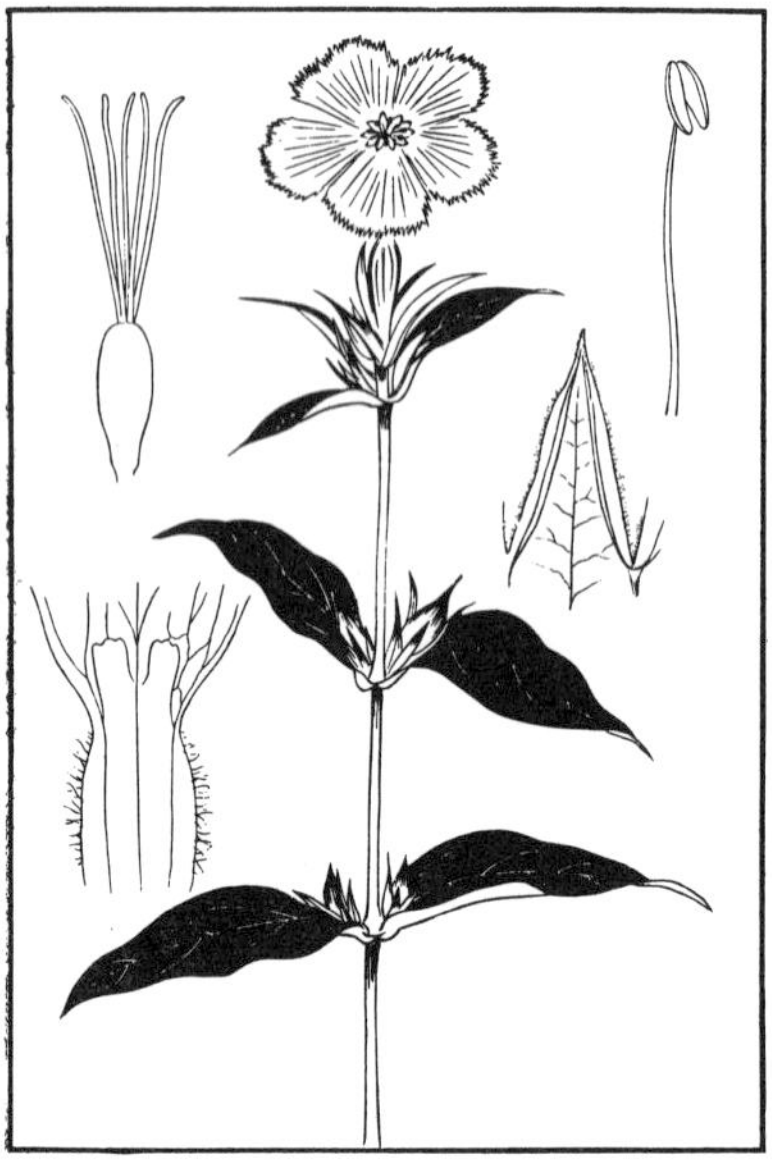

ガンピ（D）

しかし、細見氏のこの本によって、「かにひの花」は、明らかにナデシコ科のガンピ（岩菲）に相違ないことがわかり大いに蒙を啓かれた。

同書が、「かにひの花」をナデシコ科のガンピとする根拠は次の通りである。

㋑ 本文に「草の花は」とあるのに対し、フジモドキは木本である。

㋺ 古代には、濁音・半濁音・撥音（ん）を表わす記号がなく、従って「ふし」は「ふじ」でなく「ふし」である可能性が強い。

㋩ 古代、ナデシコ科のフシグロセンノウを単に「ふし」と称した。

㋥ 「ふしの花といとよく似て」と解すると、ガンピとフシグロセンノウとはよく似ており、「色は濃からねど」とあるように、前者が赤黄色であるのに対し、後者は朱紅色であることを考え合わせ、本文の記述と実体とがぴったり符合する。

㋭　さらに、「春秋と咲くがをかしきなり」とあるが、中国ではガンピ（岩菲）を剪春羅といい、これによく似たセンノウ（仙翁花）を剪秋羅と称したが、わが国では夏（五、六月頃）咲くので、俗に剪夏羅といった。フシグロセンノウは秋に咲くので、この点はセンノウと同様である。

もっとも、その後私が前々から書庫に蔵していた殿村常久の著した『千草の根ざし』という本を参照したところ、すでにこの本の『枕草子』に現れた植物を解説した文中に、「藤花はもと古本にふしの花とありけむを、仮名をたがへてふしと藤をうつしたがへしより、つぎつぎに誤り来りて、諸本藤の花となりぬべし」と前置きして、『大和本草』の「ふし、剪春羅《ガンピ》、剪秋羅《センノウ》の別種ナリ（下略）」の記事を引用し、「ふし」を黒節の剪春羅《ガンピ》の類、つまりフシグロセンノウと見なし、「かにひの花」は剪春羅《ガンピ》ではないかと述べているのを知った。しかも同書にはご丁寧にガンピとフシグロセンノウの比較写生図が載っていた。

クマツヅラ（J）

私はこれまでまったく迂闊であったことをこれら両書によって教えられた。

(3)　馬鞭草はクマツヅラではない

クマツヅラ科に属するクマツヅラには馬鞭草の漢名が当てられるが、細見氏は、この本の中で、古代クマツヅラと称した植物はクマヤナギ（クロウメモドキ科）であることを論証している。

ただし、本書Ⅰの「クマツヅラ」の中で詳説したので、ここでは説明を省略する。（五四頁参照）

(4)　昔の「みくり」と現在のミクリ

『蜻蛉日記』に、「みくりのすだれ、網代《あじろ》屛風・黒柿の骨に朽葉の帷子《かたびら》かけたる几帳《きちょう》どももたる障子、みくりのすだれなど、昔のことをうつしたり」とあり、平安時代の頃、「みくりの（以下略）」とあり、『枕草子』の「五月の御精進《さうじ》」の條に、「田舎だち、ことそぎて馬の絵かき簾《すだれ》」は調度品として、上流階級の邸ではよく使われたものらしい。

また『夫木集』に、「みがくれに深き沢沼《さわぬ》のみくりなわ、月日はくれど引く人もなし」の歌があるように、「みくり」が水に漂って、縄のようによじれて見えるのを「みくり縄」と称して歌に詠み込んだ。

この時代に「みくり」と称した植物は、現在ミクリの標準和名を有するミクリ科のミクリではなく、カヤツリグサ科のウキヤガラであるとこの書の著者は断定している。

試みに『広辞苑』をみると、「みくり〔三稜草〕―ミクリ科の多年草、沼沢地に生ずる。茎は三稜形で、高さ約八〇センチ、夏、分岐した茎頂に球状に単性花をつけ、雄花は上部に、雌花は下部につく。球状の果実を結び、熟すると、緑色。ヤガラ。三稜。漢名黒三稜。〔本草和名〕」とあり、「みくりのすだれ（三稜簾）」の項には、「ミクリの茎を干し、それを編んで作ったすだれ」と記してある。

これらは、明らかにミクリ科のミクリとウキヤガラとを混同した不可解な説明である。ミクリ科のミクリの茎が三稜であるというのも事実に相違し、その茎は細く、簾《すだれ》を作るには適さないことなどから、この書の著者は、古い時代に「みくり」と称されたものは、カヤツリグサ科のウキヤガラであると断定する。

ウキヤガラ（G）

もっとも、「みくり」＝ウキヤガラ説は、この書に始まったものでなく、『和訓栞』の「みくり」の條に、「倭名抄に三稜草を訓ぜり。新撰字鏡に苭をよめり、今伏見にてうきやがらといへり。歌にみくりなはとよめるは是なるべし」とある。この記事は、『本草綱目啓蒙』の「荊三稜」の條に伏見の方言としてウキヤガラの名が挙がっているのに拠ったものと思われる。

またこの書の著者は、こうした名実の混乱は、早く平安時代に起こったのが改められず、現在におよんだものと思われるとして、『本草和名』に「三稜草、本草謂う所の莎草也、和名美《み》久《く》利《り》」とし、「莎草」の項には、「莎草、一名三稜草、和名美久利、一名佐久」とし、『和名抄』にも同様の記述があり、また『医心方』にも、「三稜草、ミクリ」と記している点を挙げている。

しかし、著者のここでいう混乱は、三稜草と莎草の漢名がいずれも「みくり」とよまれている点であって、ミクリ科のミクリと本来の「みくり」との間の名実の混乱の説明にはなっていない。

以下は本文の筆者である私の意見である。

平安時代に「みくり」と称されたものが、三稜草、つまり現在の標準中国名荊三稜に相当するウキヤガラであることは疑う余地がないが、これと現在のミクリ科のミクリとは、当時にあっては、混乱するいわれがなかったのではなかろうか。何故ならば、ミクリ科のミクリについては、当時あまり注目された形跡がないからである。それではまず手始めに、漢名の荊三稜と和名「みくり」の語源について検討してみよう。

荊三稜の荊は、『本草綱目』によれば、荊楚の地方に生ずる意味で、荊は今の湖北州江県荊州、楚も今の湖北省の地の称であり、三稜はカヤツリグサ科の植物の多くに見られる明瞭な三本の稜によるものであろう。これに対して、日本名の「みくり」は、「三割り」の意味で、三稜が茎の凸部を意味しているのに反し、茎の凹部が「剞った」ようになっているため、これを「三つ剞り」と表現し、なまって「みくり」になったのではなかろうか。

次に、それでは何故ウキヤガラの古名「みくり」が、現在のミクリ科のミクリに転用されたのであろうか、これは次の三つの理由が考えられる。

①『本草綱目』の荊三稜（ウキヤガラ）の條に、別名として、ミクリ科のミクリに当たる漢名「黒三稜」が挙がっているので、これと「荊三稜」とが混用されるに至った。

② 中国では、ウキヤガラ、ミクリは、ともに「三稜」と称し、民間薬に用いられ、日本では、前者は通経、催乳薬に、後者は茎を採んで傷につけ、あるいは煎じて増血剤に用いる。

③ ミクリ科のミクリの果実が栗のいがに似ているので、「実栗」をその名の由来とする説が一般化し、本来の「みくり」の影は薄れ、いつのまにかミクリがミクリ科の植物の標準和名となった。

『本草綱目啓蒙』のミクリの項にウキヤガラの名を挙げ、岩崎灌園の『本草図譜』のミクリの條にウキヤガラの図を載せている点などからみて、上記の転用はごく近世のことと考えられる。（以上は深津説）

(5) ジャノヒゲは蛇の鬚ではない

ジャノヒゲ（D）

ユリ科のジャノヒゲは、別名をリュウノヒゲ（竜の鬚）ともいう。漢名を麦門冬《ばくもんとう》と称し、古くは「やますげ」の名で歌に詠まれた。『万葉集』巻四に、「山菅《やますげ》の実成らぬことを吾に依せ、言はれし君は誰とか宿《ぬ》らむ」という坂上郎女の詠歌をはじめ、山菅を詠んだ歌は集中一〇余首を数える。ただし「やますげ」をヤブランであるという説もある。

貝原益軒は、『花譜』にも『大和本草』にも、麦門冬の漢名のみを記し、和名を挙げていない。

しかし、江戸時代の代表的方言集『物類称呼』には、麦門冬を尾張で「蛇《じゃ》のひげ」というと書いており、『本草綱目啓蒙』にも、小葉の麦門冬を近江でジャノヒゲというとし、『物品識名』にもジャノヒゲの名が挙げられている。

ジャノヒゲは、密生した細長い葉を形容したものをいい、『牧野新日本植物図鑑』にも、「蛇のひげ並に竜のひげは、その葉状に基づいた名である」とその語源を説明している。

ところが、江戸初期に林羅山の著した『新刊多識篇』には、麦門冬の日本名を「勢《ぜ》宇《う》加《が》比《い》介《げ》」と訓じており、宮崎安貞の『農業全書』や『和漢三才図会』にも「ゼウガヒゲ」とあり、『本草綱目啓蒙』にも別名「ジヤウガヒゲ」を挙げている。

ここにいう「じょう」は、白い鬚を生やした能の尉、すなわち老翁のことで、麦門冬の叢生する葉をその鬚にたとえたものであろうと、この本の著者は推測している。

なお、このことから、ジョウガヒゲの名は、能が興隆した室町時代に起ったのではなかろうかと、この点についても推定を下している。

### (6) 山の木を磯の木とは

クロウメモドキ科のイソノキは、山の中のやや湿った地に生えており、同属のクロツバラなどとよく似ている。

『牧野新日本植物図鑑』には、「この植物が水辺に生えているので磯の木と名付けたのではなかろうか」と書いてあるが、この図鑑の改訂増補版をみると、「イソノキの語源は不明」と書かれている。

私も、このイソノキを目にしたことは一再ではないが、その都度牧野図鑑の語源の説明を思い出しながら、磯といえば、海とか大きな湖の岸辺ならばともかく、小さな沼や池のほとりを磯とはいわないのではないかといった疑念がつきまとったものだった。さればといって、この説を反ばくするだけの根拠が見つからないまま、イソノキを前にして考え込むこともしばしばだった。ところがこの本を読んで多年の疑問が氷解し、まさに眼から鱗が落ちる思いがした。

著者の説を要約すると次の通りである。

昔は、山人が刈り取った柴を結束するのに、貴重な麻や苧（カラムシ）を使うことをせず、雑木の枝で粘りあるしなやかなものを用いた。これは縄の節約になるばかりでなく、風雨にさらされても腐りにくいからだという。こうした結束用の材料にはガマズミの類をはじめカマツカ・リョウブ・マンサク・ソヨゴ・ヤマボウシ・トネリコの類などがよく使われ、これらを「ねそ」と呼んだ。「ねそ」は「練り麻《そ》」の転じたものという。

これと同様に、この本の著者の住む丹波地方では、稲や藁《わら》を束ねるのに、藁の先を結んでつなぎ合わせたものをユイソというそうである。ユイソは「結い麻《そ》」の意味である。幹や枝がしなやかで折れにくいので、この地方ではイソノキをユイソに使う。だからこの木が「ユイソの木」と呼ばれていたのがいつしかイソノキに転じたものと考えられる。

いかにも説得力のある語源説である。

しかしながら、イソノキを「結い麻」と称して、藁束や柴の結束に用いる風習を知らない者にとっては、まったく思いおよばない説であることも事実である。

以上『古典の植物を探る』のうち、私の教えられるところの多かった数篇につき紹介した。無論この本に書いてある事柄の全部が全部賛成できるものは限らない。なかには私の意見とまったく対立するものもある。例えばアスナロの語源の如きはその最たるものである。とはいえ、辺地に住みながら、苦労して集めた多くの文献を駆使して、綿密な考証を重ねたうえ、創意に満ちた独自の意見を発表された著者の努力には大いに敬意を表さざるをえない。植物名に関心のある諸賢にぜひ一読をお奨めする所以である。

なお著者の細見氏は一九〇八年生まれ、小・中学校の教員・校長をつとめ、現在は丹波氷上町の文化財審議会委員。郷土丹波の地方史や方言集などの著書がある。

その後の編集部よりの連絡によれば、細見氏は、一九九八年に物故された由、九〇才の天寿を全うされたとはいえ、惜しいことである。ここに謹んで同氏のご冥福を祈念する次第である。

## 五　植物名の語源について思う

趣味で植物を始めてより大方四〇年。植物の名前を覚えるにつれ、その由来に興味を懐くようになった。植物の名前には、古い時代からの人間生活と植物との係わり合いを知るうえで、重要なヒントが秘められているにもかかわらず、案外植物書の中で、植物名の語源について明解な説明を行っているものが少なく、あっても精々『牧野新日本植物図鑑』の孫引きの範囲を出ていない。

その『牧野新日本植物図鑑』ですら、植物語源の良い手引書であることは間違いないものの、なかに随分と疑わしい説明が多く、この点では、私にとって、同図鑑はまさに反面教師の役をつとめてくれた。

ヌスビトハギの語源に関する牧野説がその良い例である。

牧野博士は、その語源を、「泥棒が侵入するとき、足の外側を使って歩く、その足跡に豆果の形が似ているから」とその語源を説明している。ところが、それでは、同じように果実が人の衣服などに付きやすいイノコズチ、ヤブジラミ、センダングサ、オナモミなどにヌスビトとかドロボウといった方言のあることとの説明がつかず、かねてよりこの説に疑いをもっていた。

そんなとき、草友の一人から、『今昔物語』に、盗人が通行人を襲うことを「取り付く」と形容していることを教えられ、早速調べてみると、同書の巻二九に、平安時代天下に悪名を駆せた盗賊袴垂《はかまだれ》が、死人を装って路上に伏しているのを、不用意にのぞき見た単騎の武士が一刀のもとに殺され、持物一切を奪われるくだりに、「當《マサ》ニ取付カヌ様ハ有リナムヤ」と述べ、そのほかにも、盗人が人を襲うことを「付ク」とか「取リ付ク」と表現している個所の多いことを知った。思うに、ほお被りに尻はしょり、抜き足差し足といった典型的な泥棒スタイルは、比較的治安の良くなった江戸時代のこと、中世の盗人はなかなかどうして、こんな生易《なまやさ》しいものではなく、人の隙を見て、文字通り「取リ付ク」のが常道だった。だから、人の知らぬ間に豆果が身体に取り付く植物をヌスビトと称したと解する方が「盗人の足跡」説に比べて、遥かに筋が通っているような気がする。

こんなことを契機に、私の植物名の語源探求は、『牧野新日本植物図鑑』の語源説を一つ一つ洗い直すことから始まった。一九七一年版の同図鑑中、海藻類を除いた三六一七種の植物について当たってみた結果では、全体の九三パーセントのものについて語源の説明があり、そのうち、説明の誤りと思われるもの七二種、疑わしいもの三二種、語源不明とあるもの八八種、語源の説明なきもこれを必要とすると思われるもの五一種であった。これらのうち、誤りと断定できるものの全部、その他のものについても、大半私なりの語源の解明ができ、いろいろな

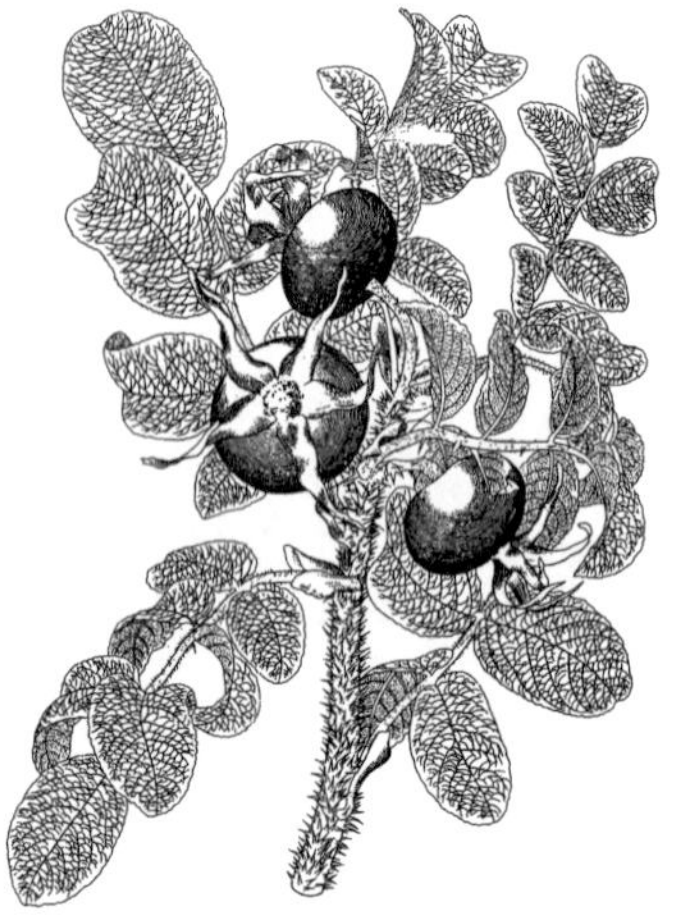

ハマナス（H）

機会にこれを発表してきた。

　無論私自身の解釈を以てすべて是《ぜ》とするものではないが、問題は、明らかに誤りと断定できる説が、そのまま一般向けの植物書、図鑑をはじめ、権威ある国語辞典に至るまで、そのままこれを引用していることである。植物学者としては超一流の牧野博士が、こと語源となると、考証がかなりずさんであり、単なる思いつきを筆にされたものが多い。植物学や国語学を専門とされる先生方に対し、この図鑑からの引用、孫引きに際しては、十分慎重な配慮をお願いしたいところである。

　つい最近のことである。所用があって仙台に赴いたついでに同地の私立野草園を訪れた際、案内して頂いた管野園長さんが、「ハマナス」と書かれた名札を前にして、強い語気で次のように息巻かれたものである。

「昔から、ハマナスの自生地である北国では、この植物を〝ハマナス〟と呼んでいます。ところが、この果実は茄子《なす》でなく梨の形をしているから、ハマナスは間違いで、ハマナシが正しいと牧野植物図鑑にあり、東北人はシをなまってスと発音するからであると説明しております。しかし蝦夷《えぞ》の子孫である私は、昔からこれをハマナスと呼んでおり、ハマナシ説は心外に耐えません。」

正直の話、これまで牧野博士のハマナシ説にさしたる疑問を懐くことなく過ぎた私も、管野園長さんの意見には十分耳を傾ける必要のあることを直感した。

そこでいろいろな図鑑や辞典をみると、かなり多くのものがハマナシを正名として扱い、著名な最近の国語辞典も大方これに倣《なら》っていることがわかった。次いで、これはと思う古い文献に当たってみると、先ず『滑稽雑談《こっけいぞうだん》』には、「玫瑰花《まいかい》（中略）秋に至って実を結ぶ、初生《はつなり》の茄子の如し、また食に耐えたり、故にハマナスと云ふ」と述べ、また『大和本草批正《ひせい》』には、「実は巾七、八分小茄子の如し、故にハマナスと云ふ」とあり、いずれもハマナスの名は、この植物の果実を、初生もしくは小形の茄子に見たてたものと解していることがわかった。

では、昔この植物の果実に似ていたとされるナスは、いったいどんな形をしていたのだろうか。この点について、『本草綱目啓蒙《けいもう》』をみると、「茄」の項に、「数品アリ、色紫ニシテ形圓《エン》ナルハ尋常ノ者ナリ（中略）形圓ニシテ横ニ濶《ヒロキ》ヲ好《ヨシ》トス」とあり、また『農業全書』には、「なすびに紫白青の三色あり、又丸きあり、此内丸くして紫なるを作るべし。余はおとれり。丸きは甘く和《やわ》らかにして肉実《じつ》し、料理に用ひ能く煮ても、みだりにくだける事なし」と書いてある。

こうしてみると、今日ナスといえば、長卵形のものを想像しがちだが、昔は偏平な丸形のものを好んで栽培したらしい。だから、今の常識ではおかしいと考えられる「浜茄子」も、その形に関する限り、至極当然な発想だったに違いない。

従って、牧野博士が「はまなすハ土地ノ小児等ガ之レヲ食用ニスル、其圓キ赤キ甘酸イ実カラ来タ名デアルガ、然シ其レハ浜茄子ノ意デハナクテ、浜梨ノ意デアル。東北ノ人ガ通常シヲスト発音スルノデ、此誤リヲ来タシタモノダガ、今日デハ其誤ッタモノガ普通ノ名トナッテ居ル」（一九三〇年発表、『牧野植物全集』第三巻所載）と断定されていることには素直に納得できない。

牧野博士の「ハマナシ」説には、賛同する植物学者も少なくないが、この説はあくまでもこれらの方々の主観的な「意見」であって、科学的もしくは学問的に証拠だてられたものではない。私は、この説にも一理あることを否定するものではないが、上に述べたような、古来唱えられた説には十二分な根拠があるのだから、これらを無視して、必ずしも確実とは言い難い「ハマナシ」説を、唯一絶対視して、多くの植物書がいとも簡単にこれを正名として採用し、信用ある国語辞典までがこれに追随するのは果たして如何なものであろうか。関係各位の一考を煩わしたい問題である。

（国立科学博物館ニュース第二五八号）

# あとがき

今回刊行された『植物和名の語源探究』は、私の植物和名の語源に関する著書としては五冊目に当たる。

そもそもの初めは、『植物和名語源新考』（一九七六年八坂書房刊）であった。この書は、一九八五年に改装版、一九九五年には新装版としてそれぞれ再刊された。次いで、元国立林業試験場浅川実験林樹木研究室長小林義雄氏の推薦とご協力により、林業技術協会の会員への頒布用として、『木の名の由来』と題する小著を作成、同年これを改装、太平社より出版、市販に供した。ところが図らずもこの書が全国学校図書館協会及び日本図書館連盟の推薦図書に決まり、さらに『週刊朝日』の「週刊図書館」欄及び朝日新聞の「天声人語」において紹介され、お蔭で版を重ね、望外の評価をえた。

これを契機に、その続編を、月刊『林業技術』誌上に、四年刊にわたって連載、それに基づき、原著に大巾な改訂増補を行い、一九九三年東京書籍より、やはり『木の名の由来』の題名で以て刊行し、これも再三にわたり版を重ねた。

さらに一九八三年八坂書房より、『植物和名の語源』を出版、その第五刷に相当するものが、新装版として九九年に刊行された。

その後、牧野植物同好会会誌“MAKINO”などいろいろな刊行物に掲載された植物和名の語源に関する雑文を、八坂書房の社長八坂安守氏の手でまとめて頂いたのがこの本である。

本書は、内容を大きく二部に分け、第一部に当たる論考の部分は、“MAKINO”及び横浜植物会年報に掲載したものであり、一部朝日新聞社刊行の『植物の世界』に載せた小文も、同社編集局の了解をえてこれに含めた。

広く知られているように、植物和名の語源について本格的に関心を示した植物学者は、牧野富太郎博士を以て嚆矢とし、私がこの方面に関心を懐く端緒となったのも、同博士の著された『牧野新日本植物図鑑』である。ただし、牧野博士の語源説には、正鵠を射たものも少なくないが、なかには疑わしいものもかなりあり、こうした点に疑問を懐いたのが、私の植物和名語源探求の動機となったことは、これまで何度も述べたところである。しかしながら、かくいう私は、創立以来九十年近い歴史を有する牧野植物同好会の古参会員であり、同会の開祖に当たる牧野博士の御説に真向から反対を唱えることに少なからず後ろめたい思いをしたものである。ところが、同会の最高責任者であられる川村カウ氏及び笠原基知治博士より、「学問の世界は私情と無関係だから、遠慮なく思ったままを主張して下さい」と励まされ、また牧野博士の令孫に当たる岡山市御在住の西原澄子さんは、今は亡きご主人礼之助氏共々に、「亡き祖父も、地下で貴説に賛意を表し、喜んでいることと思います」と仰せられるなど、その濶達さと寛容さには実のところ大いに感謝感激したものである。また同会や横浜植物会の運営委員各位をはじめ、それぞれシダ植物・帰化植物の権威であられる伊藤洋・浅井康宏両博士及び国語学者金田一春彦博士などの方々から、陰に陽に励ましと厚意に満ちたご支援を賜わったことは感謝のほかない。

つぎに第二部に当たる「植物和名解釈の批評と意見」中冒頭の記事は、朝日新聞社の発行した週刊『植物の世界』の解説中に見られる植物和名の語源の解釈について、思うところを述べ、前記"MAKINO"の植物和名の語源シリーズにこれを連載したものである。編集者ならびに執筆者の方々に対し失礼な言葉があったならばお許し願いたい。

「日本の野生植物（シダ篇）記載の語源について」も、同シリーズに掲載したもので、同書の語源を担当された方の安易な牧野図鑑よりの引用とその方法の不手際が目立ったので、読者の誤解を避けるためこれを批判した。折角の好著の粗探《あら》しのような拾好になり、編者岩槻邦男博士に対し申し訳なく思っている。

つぎに「ツバキの花の落ち方について」と題して、中村浩博士の『植物名の由来』に対し、遠慮のない批評を加えたが、何分にも著者は十数年前に物故されており、疑問の点を質す途がないため、一方的な「切り捨てご免」式批評にならないよう、十分自戒したつもりだが、多年うっ積した不満を一気に吐露したため、文中揶揄に近い言辞を弄した個所も少なくない。そのため、これを書物に載せることには二の足を踏んだが、この文章を年報に掲載した横浜植物会の会員から、ぜひこれを一般に知らしめて欲しい旨の要望があったので、あえてこの一文を本書中に採録した。無論文中の一言一句私の確信に基づくものであり、その責任はすべて私にある。異論のある向きは、ぜひともご意見を寄せられたい。

『古典の植物を探る』の著者は、具眼の士とお見受けしたが、一度の文通を限りに、面識のないまま逝かれた。哀悼の思い切なるものがある。

最後の「植物名の語源について思う」は、国立科学博物館のニュースに掲載されたもので、同館のご了承をえてこれを転載した。

なお、本年八十七の齢を迎えた私にとって、おそらく本書が生涯最後の著作となるであろうことを思い、これまでいろいろお世話になった牧野植物同好会をはじめ、横浜植物会、野外植物研究会、植物ニュースの会、神代植物愛好会、日本植物友の会、日本シダの会、植物手帳の会などの会員各位、その他、植物観察のための数々の山歩きに親しくお付合いを頂き、あるいは有益なご教示を賜わった幾多の草友の方々に対しても、ここにあらためて感謝の意を表する次第である。

また本書の原稿の整理から校正など、刊行に至るまでの一切のお世話を頂いた八坂書房社長八坂守安氏に対して厚く御礼を申し上げる。

二〇〇〇年三月三一日

深津　正

# 参考文献

安斎随筆（故実双書）吉川弘文館　一九〇〇
伊勢物語（日本古典文学大系）岩波書店　一九五七
色葉字類抄　正宗敦夫編　風間書房　一九六五
飲食界之植物誌　梅村甚太郎　同発行所　一九〇九
栄華物語（国文双書）池辺義象編　博文館　一九二八
易林本節用集（日本古典全集）與謝野・正宗編　一九二六
園芸植物名の由来　中村浩　東京書籍　一九八一
園芸文庫（全一四巻）前田曙山　春陽堂　一九〇三―〇五
延喜式（全七巻）（日本古典全集）與謝野・正宗編　一九二六
おもしろい植物　恩田経介　学習社　一九三一
花彙（全八巻）島田充房・小野蘭山　一七五九―六三
改正月令博物筌（全四巻）鳥飼洞斎　一八〇四　求光閣　一九〇七
下学集（岩波文庫）一九四四
柿の種（寺田寅彦全集　文学篇　第六巻）岩波書店　一九三六

蜻蛉日記全訳注（全三巻）　上村悦子（講談社学術文庫）　一九七八
鹿児島県植物方言集　鹿児島県教育委員会　鹿児島県立博物館　一九八〇
鹿児島民俗植物記　内藤喬　同刊行会　一九六四
華実年浪草（全一四巻）　三余斎鹿文　一七八三
花壇綱目　水野元勝　一六六一―七三
花壇地錦抄　伊藤伊兵衛　一六九五
韓非子（中国古典名言集㈤）　諸橋轍次（講談社学術文庫）　一九七六
韓非子（上・下）　常石茂訳（角川文庫）　一九六八
木曽採薬記　水谷豊文（名古屋双書　第一三巻）　一九七三
嬉遊笑覧（全二巻）　喜多村信節（日本芸林双書）　六合館　一九二七
草花絵前集　伊藤伊兵衛　一六九九（東洋文庫）　平凡社　一九七六
毛吹草　松江重頼　一六四五（岩波文庫）　一九四三
源氏物語（全六巻）（日本古典文学全集）　小学館　一九七六
原色日本植物図鑑（全三巻）　北村四郎　保育社　一九五五
原色日本のラン　前川文夫　誠文堂新光社　一九七一
原色日本林業植物図鑑（一―五）　倉田悟　日本林業技術協会　一九六四―七四
広辞苑（第四版）　岩波書店　一九九一

広文庫（全二〇巻） 物集高見 同刊行会 一九一六
国史草木昆虫考（上・下） 曽槃（占春）（日本古典全集） 与謝野・正宗編 一九三七
古言梯 楫取魚彦（影印本） 勉成社 一九七九
古今要覧稿（全六巻） 屋代弘覧 一八四二 国書刊行会 一九〇六
古事記（日本古典文学大系） 岩波書店 一九五八
古事類苑（兵事部） 神宮司庁 一九二九
古事類苑（植物金石部一・二） 神宮司庁 一九三二
古代朝鮮語と日本語 金思燁 講談社 一九七四
コタン生物記㈠ 更科源蔵・みつ 法政大学出版局 一九七六
滑稽雑談（全二巻） 四時堂其諺 一七一三序 （復刻）ゆまに書房 一九七七
「滑稽本」（日本名著全集） 同刊行会 一九二七
古語辞典（岩波） 大野晋他 岩波書店 一九七四
古典の植物を探る 細見末雄 八坂書房 一九九二
古名録（全七巻） 野田伴存 丸善 一八九〇
今昔物語（全五巻）（日本古典文学大系） 岩波書店 一九七三
昆陽漫録 青木昆陽 一七六三 （日本随筆大成 一期 第十巻） 一九二七
最新園芸大辞典（全一三巻） 誠文堂新光社 一九八四

栽培植物の起源（全三巻）ド・カンドル／加茂儀一訳（岩波文庫）一九五八
山菜全科　清水大典　家の光協会　一九六七
資源植物事典（改増訂）柴田桂太編　北隆館　一九五七
重輯新修本草　岡西為人　国立中国医薬研究所　一九五九
樹木大図説（全四巻）上原敬二　有明書房　一九五九
潤一郎源氏物語　谷崎潤一郎　中央公論社　一九七三
樵談治要　一條兼良（群書類従第二七輯　雑部）一九五九
書言字考節用集（増補和漢合類大節用集）槇島昭武　一七一七
植物語源考　中島利一（雑誌論文）一九三八
植物の世界（週刊百科）朝日新聞社　一九九四—九七
植物の名前の話　前川文夫　八坂書房　一九八一
植物名彙（改訂）（前・後編）松村任三　丸善　一九一六
植物名実図考　呉其濬　一八八〇　商務印書館　一九五九
植物名の由来　中村浩　東京書籍　一九八〇
植物和名語源新考　深津正　八坂書房　一九七六
資料日本歴史図録　笹間良彦編著　柏書房　一九九二
新刊多識編　林羅山　一六三一

新撰字鏡　昌住　八九八（群書類従二八輯　雑部）（訂正三版）　一九五九
新撰字鏡　昌住　八九八（増訂版—天治本享和本群書類従本）　京都大学文学部国語学国文学研究室
　編　臨川書店　一九六七
塵添壒囊鈔・壒囊鈔　浜田敦他共編　臨川書店　一九六八
世界の植物（週刊百科）　朝日新聞社　一九七五—七八
尺素往来　一条兼良（新校群書類従第六巻）　内外書籍　一九三一
染科植物譜（復刻）　後藤捷一・山岸隆平　京都書院　一九七二
全国植物方言集（上・中・下）　橘正一　一九三九
全国方言辞典　東條操　東京堂　一九五一
綜合日本民俗語彙（全五巻）　民俗学研究所編　平凡社　一九五六
増補地錦抄　伊藤伊兵衛　一七一〇
草木奇品家雑見　金太　一八二七
草木性譜　有毒草木図説（全五巻）　清原重巨　一八二七
草木図説（全四巻）　飯沼慾斎　増訂版（牧野富太郎訂）　成美堂　一九〇七—一三
草木図説（木部　上・下）　飯沼慾斎　北村四郎校註　保育社　一九七七
大漢和辞典（全一二巻）　諸橋轍次　大修館書店　一九六八
大言海　大辞典　平凡社　一九三六

竹と笹　室井綽　井上書店　一九五六
地錦抄付録　伊藤伊兵衛　一七三三
中国高等植物図鑑（補編共全七巻）　中国科学出版社　一九七二―八三
朝鮮語方言の研究（上・下）　小倉進平　岩波書店　一九四四
帝国植物名鑑（前・後編）　松村任三　丸善　一九一二
東雅（全五巻）　新井白石　一七一七　大槻如電編活字本　一九〇二
桃洞遺筆　小原桃洞　一八三三　影印本（江戸科学古典双書）　恒和出版　一九八〇
南島方言資料　東條操　刀江書院　一九六九
日葡辞書（邦訳）　岩波書店　一九八〇
日本玩具史（上・下）　有坂与太郎　建設社　一九三一―三二
日本国語大辞典（全二〇巻）　小学館　一九七六
日本古語辞典（新編）　松岡静雄　刀江書院　一九三七
日本古典文学大辞典（縮約版）　岩波書店　一九八六
日本雑草図説　笠原安夫　養賢堂　一九六八
日本産物誌　伊藤圭介　文部省　一八七三―七七（合本、青史社、一九七八）
日本釈名　貝原益軒　一六九九
日本書紀（上・下）（日本古典文学大系）　岩波書店　一九六七

日本植物図鑑ニ準拠セル植物名彙　志田・田中共編　北隆館　一九二九
日本植物方言集（草本類篇）　日本植物友の会　八坂書房　一九七二
日本人と植物　前川文夫　（岩波新書）　一九七三
日本のおもちゃ　山田徳兵衛　芳賀書店　一九六八
日本の野生植物（シダ篇）　岩槻邦男編　平凡社　一九九二
日本の遊戯　小高吉三郎　羽田書店　一九三三
日本百科辞典（全一〇巻）　三省堂　一八九八―一九一九
日本遊戯史　酒井欣　弘文堂書房　一九四二
日本霊異記（全三巻）　中田祝夫　（講談社学術文庫）　一九八〇
農業全書（全一〇巻）　宮崎安貞　一六九七
火の路（上・下）　松本静張　文芸春秋社　一九七五
百品考　山本亡羊　一八三九
百花培養考（上・下）　松平菖翁　一八四六
兵庫県植物目録　紅谷進三編　六月社書店　一九七一
物品識名　水谷豊文　一八〇九
物品識名拾遺　水谷豊文　一八二五
物類称呼　越谷吾山　一七七五　（岩波文庫）　一九三一

ペルセポリスから飛鳥へ　松本清張　日本放送出版協会　一九七九
分類アイヌ語辞典　知里眞志保　常民文化研究所　一九三五
本草色葉抄　惟宗具俊　一二八四　影印本（内閣文庫）　一九六八
本草経集注（縮刷影印版）　岡西為人訂補　横田書店　一九七二
本草学論攷（第三冊）　白井光太郎　春陽堂　一九二九
本草啓蒙補遺　黒田楽善（斉清）　厚生閣　一九三八
本草綱目　明・李時珍　一五九〇『頭註国訳本草綱目』（全一五巻）　春陽堂　一九三〇―三二
本草綱目啓蒙（全四巻）　小野蘭山（日本古典全集）　一九二九
本草図譜（九二巻）　岩崎灌園　同刊行会　一九一八
本草正譌　松平君山（名古屋双書　第一三巻）　一九六三
本草の植物　北村四郎（北村四郎選集㈡）　保育社　一九八五
牧野植物学全集（全七巻）　牧野富太郎　北隆館　一九三四
牧野新日本植物図鑑　牧野富太郎　北隆館　一九六一・一九八九
牧野日本植物図鑑　牧野富太郎　北隆館　一九四〇
松浦武四郎紀行集（上・中・下）　吉田武三編　冨山房　一九八七
満鮮植物字彙（土名対照）　村田懋麿　成光館　一九三二
万葉古今動植正名　山本章夫　一九二六

万葉集（全五巻）（日本古典文学大系）岩波書店　一九五七―六二

巫女考　柳田国男（柳田国男全集　第一一巻）筑摩書房　一九九〇

民間伝承（No.276, 一九六七・三月号）武田久吉「植物釈名四十六條」

民俗と植物　武田久吉　山岡書店　一九四八

明月記（全三巻）藤原定家　国書刊行会　一九八七

康頼本草　丹波康頼（続群書類従三一輯　雑部四十三）一九二八

野草（一九六七・三、第二九六号）

大和本草　貝原益軒　一七〇九（活字本）春陽堂　一九三二

俚言集覧（増補）（全三巻）太田全斎　名著刊行会　一九六五

歴史地理（一九一九・三月号）

類聚名義抄（全二巻）一二世紀初（影印本）風間書房　一九六四

和訓栞　谷川士清　一七七七―一八八三『増補語林和訓栞』（全四巻）名著刊行会　一九七三

和爾雅　貝原益軒　一六八八

和名抄（和名類聚鈔）源順　九三四（元和版復刻本）風間書房　一九五四

"*Sino-Iranica, Chinese Contribution to the History of Civilization in Ancient Iran*" Berthold Laufer, 1919.

"*Woorden Boek, Engelsch-Nederlandsch*" K. Jen Bruggncate, 1895.

## 植物入門

前川文夫　アヤメ・ショウブ・カキツバタの区別のしかたをご存じですか?　とてもやさしい植物学入門。　二〇〇〇円

## 植物の名前の話

前川文夫　謎解きにも似た筆致で植物名の語源を探り、植物の名前を通して、日本人の生活文化を垣間見る。　二〇〇〇円

## 植物の形と進化

前川文夫　芽、葉、花、茎などに、頑なまでに保ち続けられている植物の特徴的な形に注目し、進化の道筋に迫る。　二八〇〇円

## 植物の来た道

前川文夫　大陸移動説と古磁気学から導き出した壮大な古赤道分布説にそって、植物の分布と分化の謎を解き明かす。　二八〇〇円

## 日本の植物と自然

前川文夫　花や樹の歴史、意外な利用、薬効、名前の由来など、見過ごされてきた植物と人間との係わりを綴る。　二八〇〇円

☆税別価格

**著者略歴**　深津　正（ふかつ・ただし）
1913年愛知県に生まれる。1934年東京外国語学校（現東京外国語大学）ドイツ語部卒業。鉄道省国際観光局などを経て，(社)日本電球工業会に勤務。同会常務理事，顧問を歴任，1983年同会退職。
現在　照明文化研究会名誉会長，横浜植物会顧問，牧野植物同好会講師，野外植物研究会会員，日本シダの会会員。
著書―『植物和名語源新考』,『灯用植物―物と人間の文化史(50)』,『植物和名の語源』
編著―『あかりのフォークロア』
共著―『木の名の由来』，『北海道・東北地方の住いの習俗』，『風俗史への招待』，『技術と民俗』，『あかりと照明の科学』，『東北の電気物語』

植物和名の語源探究

2000年4月25日　初版第1刷発行

著　者　深津　正
発行者　八坂安守
印刷所　㈱ディグ
製本所　㈲高地製本所

発行所　㈱八坂書房
〒101-0064 東京都千代田区猿楽町 1-5-3
TEL 03-3293-7975　FAX 03-3293-7977
郵便振替口座 00150-8-33915


ISBN4-89694-452-6

# 植物名索引

＊は見出し，または小見出しに揚げた植物名とその頁

## ア 行

## カ　行

## サ　行

## タ　行

## ナ　行



## ハ　行

## マ 行



## ヤ 行

## ラ　行



## ワ　行